## Lebewesen oder nicht?

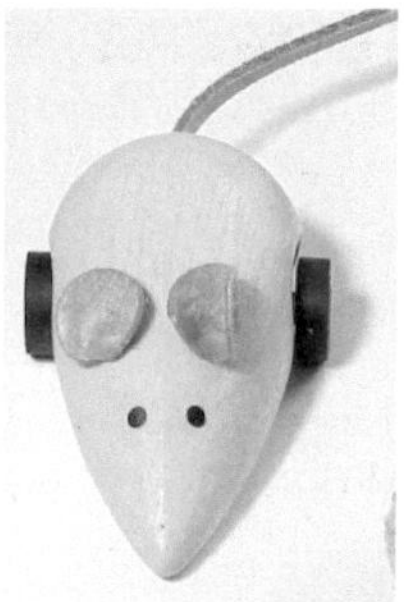

**1** Auf den ersten Blick scheint die Entscheidung einfach, auf welcher der vier Abbildungen ein Lebewesen zu sehen ist. Begründe deine Aussage.
Die folgende Tabelle soll dir bei der Formulierung deiner Begründung helfen.
Schreibe jeweils ein passendes Stichwort in die Tabelle:

| Kennzeichen | Rennmaus | Spielzeugmaus | Ackerwinde | Peter |
|---|---|---|---|---|
| Bewegung | | | | |
| Ernährung | | | | |
| Fortpflanzung | | | | |
| Wachstum | | | | |
| Reizbarkeit | | | | |

**2** Welche Kennzeichen haben alle Lebewesen gemeinsam?

______________________________________________

______________________________________________

**3** Steckbrief – Mein Lieblingstier.
Schreibe für ein weiteres Heimtier einen ähnlichen Streckbrief wie den über den Wellensittich.

**Steckbrief Wellensittich**
im Schwarm lebender Vogel aus Australien
das Männchen füttert das Weibchen beim Brüten
Vogel kann bis zu 15 Jahre alt werden
sein Käfig sollte mindestens 50 cm lang, 30 cm tief und 40 cm hoch sein
braucht Äste zum Klettern und Knabbern, Futter- und Wassernapf, Badewanne, Kalkstein
frisst fertige Samenmischung, hin und wieder Apfelschnitzel oder ein Salatblatt

**Steckbrief**

______________________________________________

______________________________________________

______________________________________________

______________________________________________

______________________________________________

______________________________________________

______________________________________________

## Lebewesen haben gemeinsame Merkmale

**1** Ordne die folgenden Merkmale den Abbildungen zu: Bewegung, Fortpflanzung, Ernährung, Wachstum, Wahrnehmung von Reizen aus der Umwelt. Begründe deine Entscheidung.

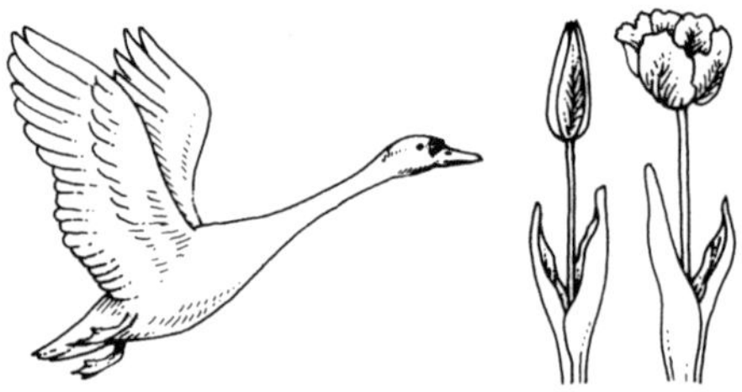

## Beobachten

**1** Das Beobachten gehört zu den wichtigen naturwissenschaftlichen Arbeitsweisen. Unsere Sinnesorgane helfen uns zum Beispiel, naturwissenschaftliche Erscheinungen wahrzunehmen.

a Gib an, mit welchen Sinnesorganen in den Naturwissenschaften beobachtet werden kann. Vervollständige das folgende Schema.

b Gib je ein Beispiel für das Beobachten mit dem entsprechenden Sinnesorgan an.

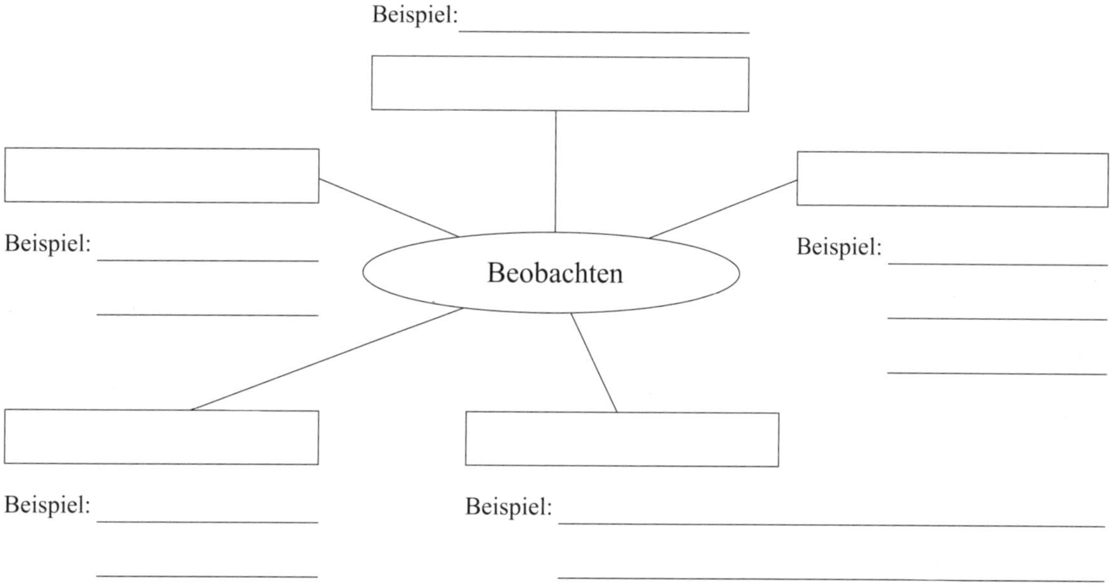


**2** Führe die folgenden Experimente durch und notiere in der Tabelle, was du jeweils beobachten konntest. Welches Sinnesorgan hast du dazu benutzt?

| Experiment | Beobachtung | Sinnesorgan |
|---|---|---|
| a Fülle ein Glas bis zu einem Viertel mit Öl (Speiseöl). Gib dann vorsichtig die gleiche Menge Wasser hinzu. Beobachte einige Minuten. Was geschieht? | | |
| b Fülle eine Schüssel bis zur Hälfte mit Wasser. Gib dann einen Tropfen Öl auf das Wasser. Beobachte von allen Seiten. | | |

## Messen

**1** Eine wichtige naturwissenschaftliche Arbeitsweise ist das Messen. So wie die Wissenschaftler kannst auch du durch den Einsatz von Messgeräten Informationen gewinnen, die dir mit den Sinnesorganen allein nicht zugänglich sind.
Was verstehst du unter dem Messen? Trage im folgenden Schema Größen und für jede Größe ein entsprechendes Messgerät ein.

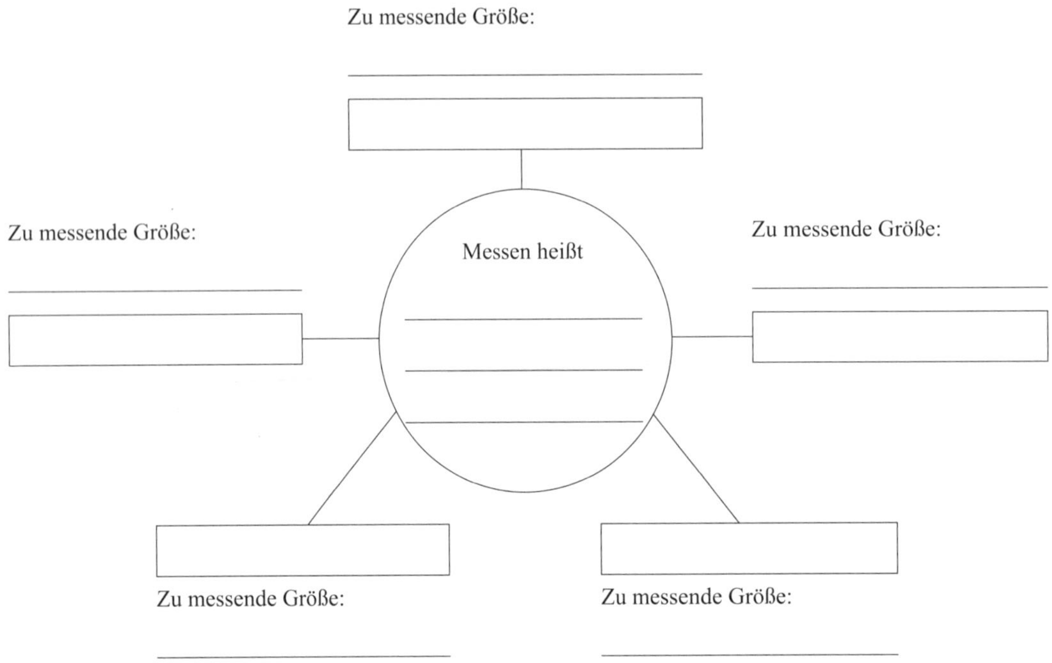


**2** Stell dir vor, du trainierst seit einigen Monaten für einen wichtigen Wettkampf. Bei diesem Wettkampf musst du fit und gesund sein. Deshalb bittet dich dein Trainer, einige persönliche Daten zu ermitteln.

a Miss deine Körpertemperatur über 4 Tage und trage die Werte in die Tabelle ein.

| | **1. Tag** | **2. Tag** | **3. Tag** | **4. Tag** |
|---|---|---|---|---|
| Körpertemperatur am Abend | | | | |

b Miss, wie viel du wiegst.
Masse deines Körpers: ____________

c Miss, wie groß du bist.
Länge deines Körpers: ____________

d Geh auf einen Sportplatz und miss, wie viel Zeit du brauchst, um eine Runde bzw. zwei Runden zu laufen.
Zeit für 1 Runde laufen: ____________________
Zeit für 2 Runden laufen: ____________________

e Miss deinen Ruhepuls.
Ruhepuls: ____________ Schläge pro Minute

## Physikalische Größen

1 Ergänze die Übersicht zu physikalischen Größen.

| | Name des Messgeräts | Welche physikalische Größe wird mit dem Messgerät gemessen? | In welcher Einheit wird die Größe angegeben? | In welcher Situation wird die Größe beispielsweise gemessen? |
|---|---|---|---|---|
|  | | | | |
|  | | | | |
| 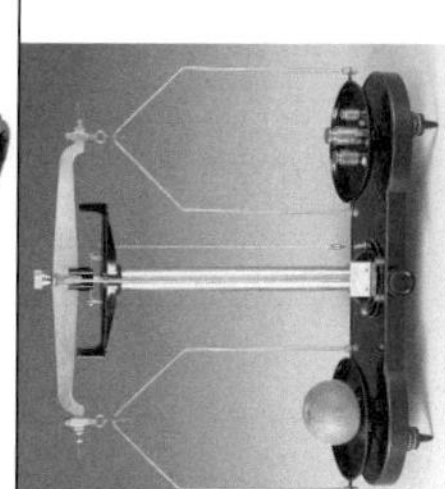 | | | | |
| 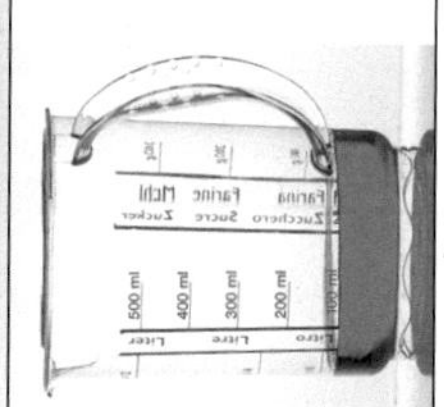 | | | | |
| 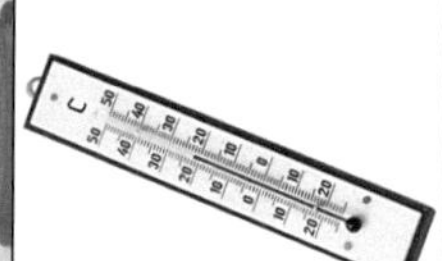 | | | | |

## Physikalische Größen und ihre Einheiten

Physikalische Größen werden in festgelegten Einheiten angegeben. Zwischen den Einheiten einer Größe gibt es bestimmte Beziehungen.

**1** Ergänze die Tabelle.

| Physikalische Größe | Name der Einheiten | Beziehungen zwischen den Einheiten |
|---|---|---|
| Länge | Kilometer | 1 km = 1000 m |
| | ______ | 1 m = ______ dm |
| | ______ | 1 dm = ______ cm |
| | ______ | 1 cm = ______ mm |
| | ______ | 1 mm |
| Zeit | Jahr | 1 a = ______ d |
| | Monat | 1 Monat = ______ d |
| | Woche | 1 Woche = ______ d |
| | Tag | 1 d = ______ h |
| | Stunde | 1 h = ______ min |
| | Minute | 1 min = ______ s |
| Masse | Tonne | 1 t = ______ dt |
| | ______ | 1 dt = ______ kg |
| | ______ | 1 kg = ______ g |
| | ______ | 1 g = ______ mg |
| | ______ | 1 mg |
| Volumen | Kubikmeter | 1 $m^3$ = ______ $dm^3$ |
| | ______ | 1 $dm^3$ = ______ $cm^3$ |
| | ______ | 1 $cm^3$ = ______ $mm^3$ |
| | ______ | 1 $mm^3$ |
| | ______ | 1 hl = ______ l |
| | ______ | 1 l = ______ ml |
| | ______ | 1 ml |
| Temperatur | ______ | 1 °C |

## Temperatur und Thermometer

**1** Betrachte die abgebildeten Thermometer und vergleiche sie.
Nenne Gemeinsamkeiten und Unterschiede.

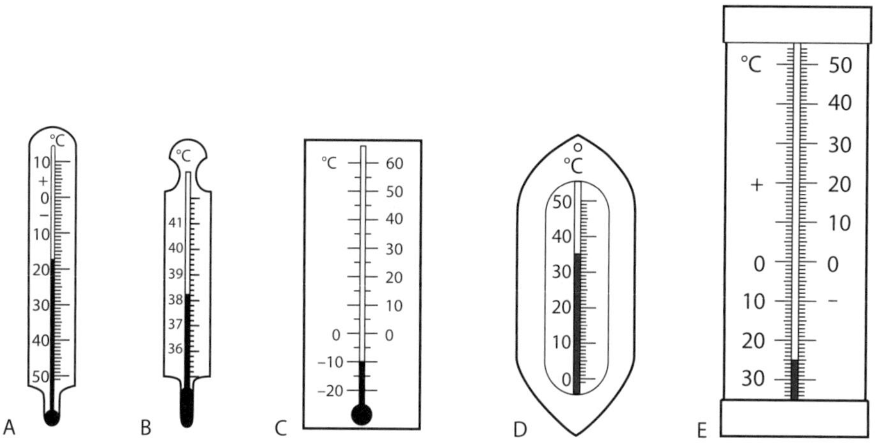


Gemeinsamkeiten:

______________________________________________

______________________________________________

Unterschiede:

______________________________________________

______________________________________________

**2** Welche Temperaturen zeigen die Thermometer an?

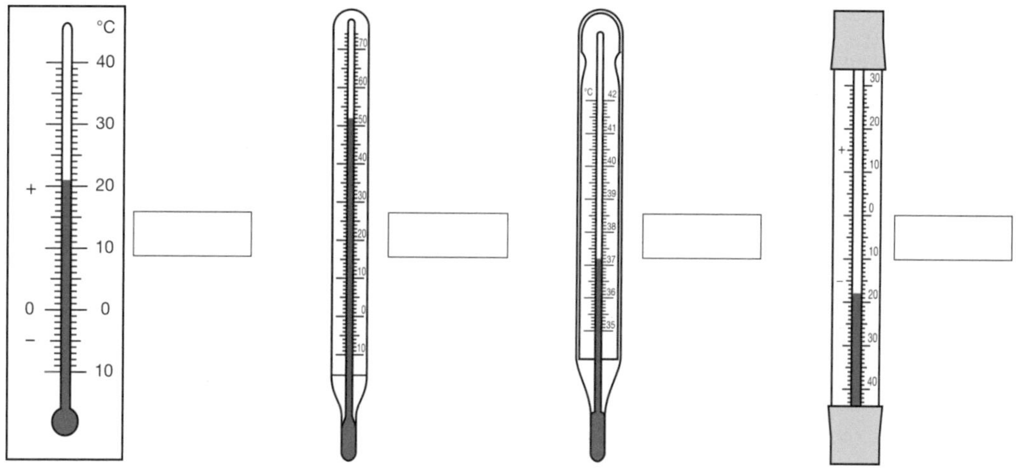

**3** Miss folgende Temperaturen mit geeigneten Thermometern:

a deine Körpertemperatur: ________

b Lufttemperatur im Zimmer: ________

c Außentemperatur im Schatten: ________

d Temperatur des Trinkwassers: ________

e Temperatur im Kühlschrank: ________

f Temperatur im Eisfach: ________

## Wie man Diagramme zeichnet

In einem Versuch wurde Wasser zum Sieden gebracht. Anschließend wurde in dem sich abkühlenden Wasser alle 2 Minuten die Temperatur gemessen.

| Messung Nr. | Zeit nach Versuchsbeginn | Wasser-temperatur |
|---|---|---|
| 1 | 0 min | 100 °C |
| 2 | 2 min | 90 °C |
| 3 | 4 min | 80 °C |
| 4 | 6 min | 73 °C |
| 5 | 8 min | 65 °C |
| 6 | 10 min | 60 °C |
| 7 | 12 min | 55 °C |
| 8 | 14 min | 51 °C |
| 9 | 16 min | 46 °C |
| 10 | 18 min | 42 °C |
| 11 | 20 min | 40 °C |
| 12 | 22 min | 37 °C |
| 13 | 24 min | 35 °C |
| 14 | 26 min | 33 °C |

**1** Trage die Messwerte in das Diagramm ein.
Zeichne dann die Messkurve. (Beachte dabei Aufgabe 2!)

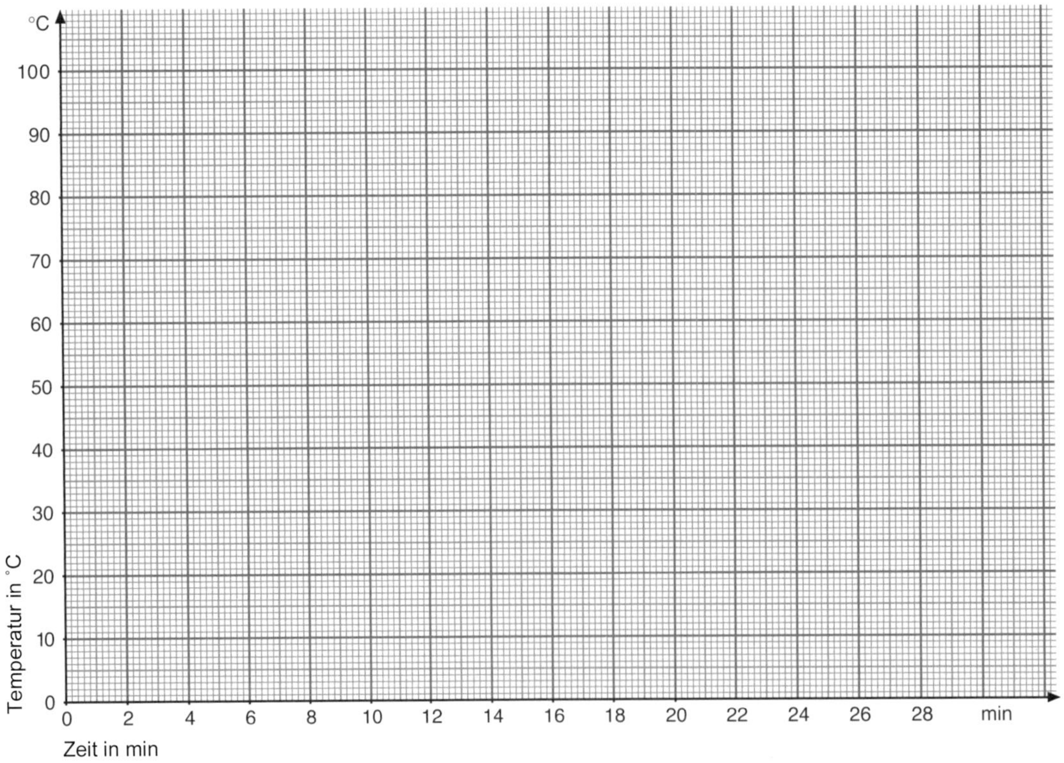


**2** Warum sollte man die Messpunkte nicht durch Geraden miteinander verbinden?

______________________________________________

______________________________________________

______________________________________________

## Die Lupe

**1** Als Material für eine Lupe kann man ______________________________

verwenden. Alle Lupen haben eine ________________ Form.

**2** Stelle dir eine Lupe her: Fülle ein Glas mit Wasser. Stelle ein Buch aufrecht auf den Tisch und das Glas davor. Probiere, wie weit das Glas vom Buch entfernt sein muss, damit du die Schrift lesen kannst. Wähle den Abstand so, dass die Schrift möglichst groß ist.

a Was beobachtest du, wenn das Glas ganz dicht am Buch steht?

______________________________________________________________

b Was beobachtest du, wenn das Glas weit vom Buch entfernt ist?

______________________________________________________________

**3** Ergänze den Text und verwende dazu die folgenden Silben:
bau, chi, ent, fer, ger, gleich, grö, ker, lu, nung, pen, stär, ßert, ver, ver.

Wie starkt eine Lupe ____________________, hängt von ihrer Form ab.

Beim ________________ verschiedener __________________ muss man darauf achten,

dass man sie in der besten ______________________ vom Gegenstand hält. Dann gilt:

Je __________________ die Lupe ist, desto ____________________ vergrößert sie.

## Versuchsprotokoll

Mithilfe dieser Vorlage kannst du einen Versuch (ein Experiment) protokollieren.

Frage des Versuchs:

Formulieren einer begründeten Vermutung:

Benötigtes Material:

Versuchsskizze:

Versuchsdurchführung:

Beobachtung:

Auswertung und Überprüfen der Vermutung:

## Grundregeln beim Experimentieren

**1** Beim Experimentieren müssen Grundregeln eingehalten werden (z. B. Schutzbrille tragen). Warum sind die einzelnen Grundregeln unbedingt zu beachten? Ergänze die Tabelle.

| Grundregeln | Warum? |
|---|---|
| Beachte Gefahrensymbole und Sicherheitsratschläge auf Chemikaliengefäßen! | |
| Beachte die Hinweise der Lehrerin/des Lehrers! | |
| Arbeite mit kleinen Mengen! | |
| Erhitze vorsichtig! | |
| Koste nie! | |

**2** Nenne Regeln für den Umgang mit Chemikalien.

______________________________________________

______________________________________________

______________________________________________

______________________________________________

______________________________________________

**3** Nenne Regeln für den Umgang mit dem Brenner.

______________________________________________

______________________________________________

______________________________________________

______________________________________________

## Aufbau der Samenpflanzen

**1** Die Abbildung zeigt den Grundaufbau einer Samenpflanze.

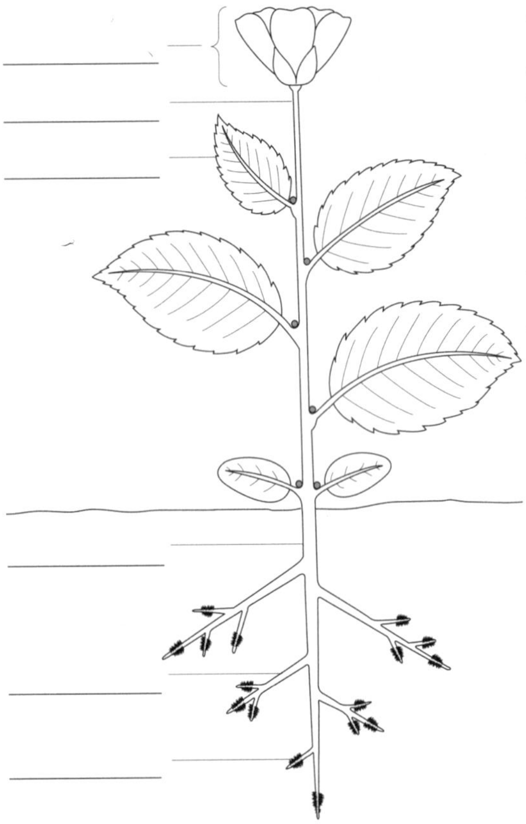

a Nenne die Grundorgane (Hauptabschnitte) der Pflanze.

______________________________

______________________________

b Beschrifte die Pflanzenteile in der Abbildung.

c Nenne die Aufgaben folgender Teile der Pflanze:

Blüte: ______________________________

______________________________

______________________________

Sprossachse: ______________________________

______________________________

______________________________

Laubblätter: ______________________________

______________________________

______________________________

______________________________

Wurzeln: ______________________________

______________________________

______________________________

______________________________

**2** Es gibt eine riesige Vielfalt an Samenpflanzen. Sie sind einander ähnlich, aber nicht gleich. Erläutere diese Aussage, indem du Tulpe und Wiesenschaumkraut miteinander vergleichst.

Blüte: ______________________________

______________________________

Sprossachse: ______________________________

______________________________

______________________________

Laubblätter: ______________________________

______________________________

Wurzeln: ______________________________

______________________________

______________________________

## Wurzel, Sprossachse, Laubblatt

1a Benenne die abgebildeten Wurzelsysteme.

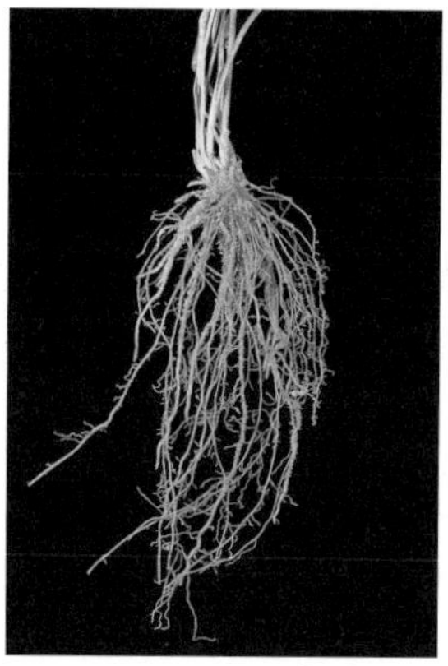

______________________ ______________________

b Nenne Gemeinsamkeiten und Unterschiede im Bau dieser Wurzelsysteme.

Gemeinsamkeiten: ______________________

______________________

Unterschiede: ______________________

______________________

2 Beschrifte die Teile der abgebildeten Laubblätter.

3 Samenpflanzen haben krautige oder verholzte Sprossachsen. Kreuze die zutreffende Antwort in der Tabelle an.

| Pflanze | Tulpe | Rose | Birke | Zwiebel | Holunder | Raps | Klee |
|---|---|---|---|---|---|---|---|
| verholzte Sprossachse | | | | | | | |
| krautige Sprossachse | | | | | | | |

## Die Kirsche: Von der Blüte zum Blütendiagramm

**1** Übertrage die im Kasten (rechts) stehenden Begriffe auf die Hinweislinien.
Male die verschiedenen Blütenteile mit den vorgegebenen Farben aus.

Kelchblatt (dunkelgrün)
Staubblatt (gelb)
Fruchtblatt (rot)
Blütenboden (hellgrün)
Kronblatt (weiß)
Samenanlage (rosa)

**2** Vervollständige das Begriffsnetz.

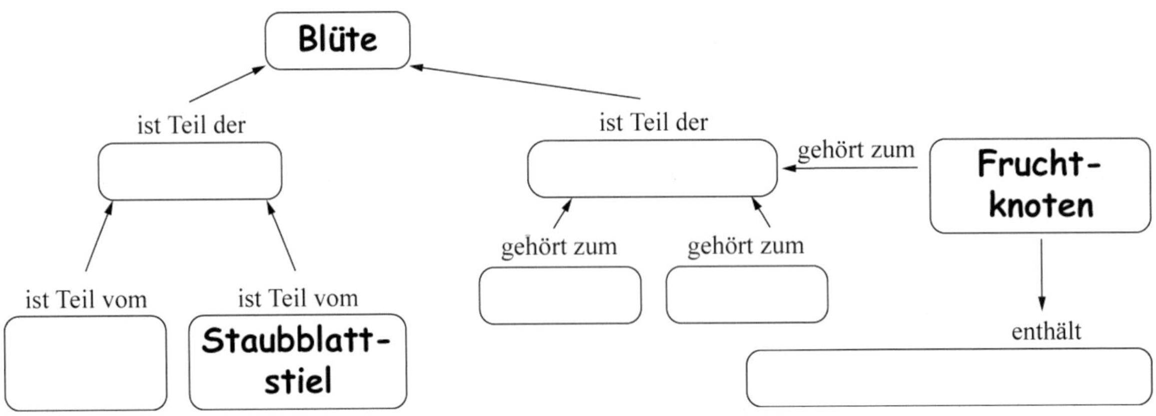


**3** Male die Abbildung wie oben farbig aus.

**4** Vervollständige das Blütendiagramm.

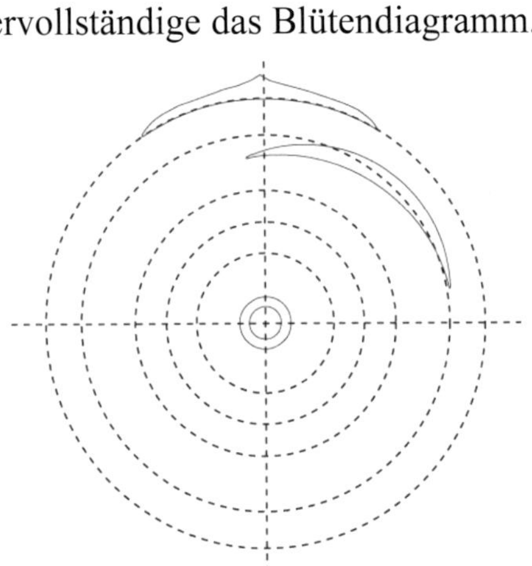

## Von der Blüte zur Frucht

**1** Ordne den Nummern in der Abbildung die passenden Begriffe zu. Nutze dabei die Wortliste ganz unten auf diesem Blatt.

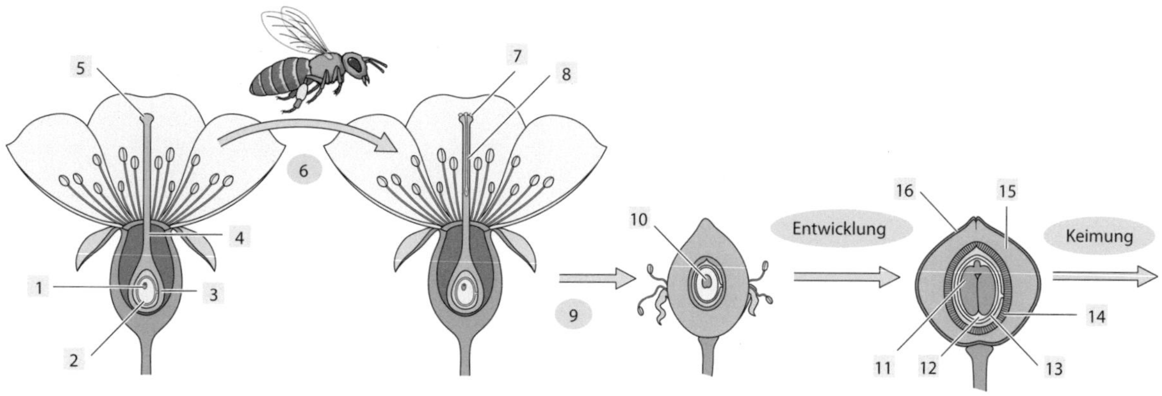


| | |
|---|---|
| 1: ______________________ | 9: ______________________ |
| 2: ______________________ | 10: ______________________ |
| 3: ______________________ | 11: ______________________ |
| 4: ______________________ | 12: ______________________ |
| 5: ______________________ | 13: ______________________ |
| 6: ______________________ | 14: ______________________ |
| 7: ______________________ | 15: ______________________ |
| 8: ______________________ | 16: ______________________ |

**Wortliste mit den oben gesuchten Begriffen:**

- befruchtete Eizelle
- Befruchtung
- Bestäubung
- Eizelle
- Embryo
- äußere Fruchtschicht (Fruchtfleisch)
- Fruchthaut
- Fruchtknoten
- Griffel
- Nährgewebe
- Narbe
- Pollen
- Pollenschlauch
- Samenanlage
- Samenschale
- innere Fruchtschicht (Stein)

## Essbares aus dem Garten

**1** Ordne die folgenden Namen den Abbildungen zu:
Apfel, Birne, Blumenkohl, Erbse, Gurke, Kartoffel, Kirsche, Kopfsalat, Mohrrübe, Rettich, Rosenkohl, Rote Bete, Rotkohl, Tomate, Walnuss, Weintraube, Zwiebel.

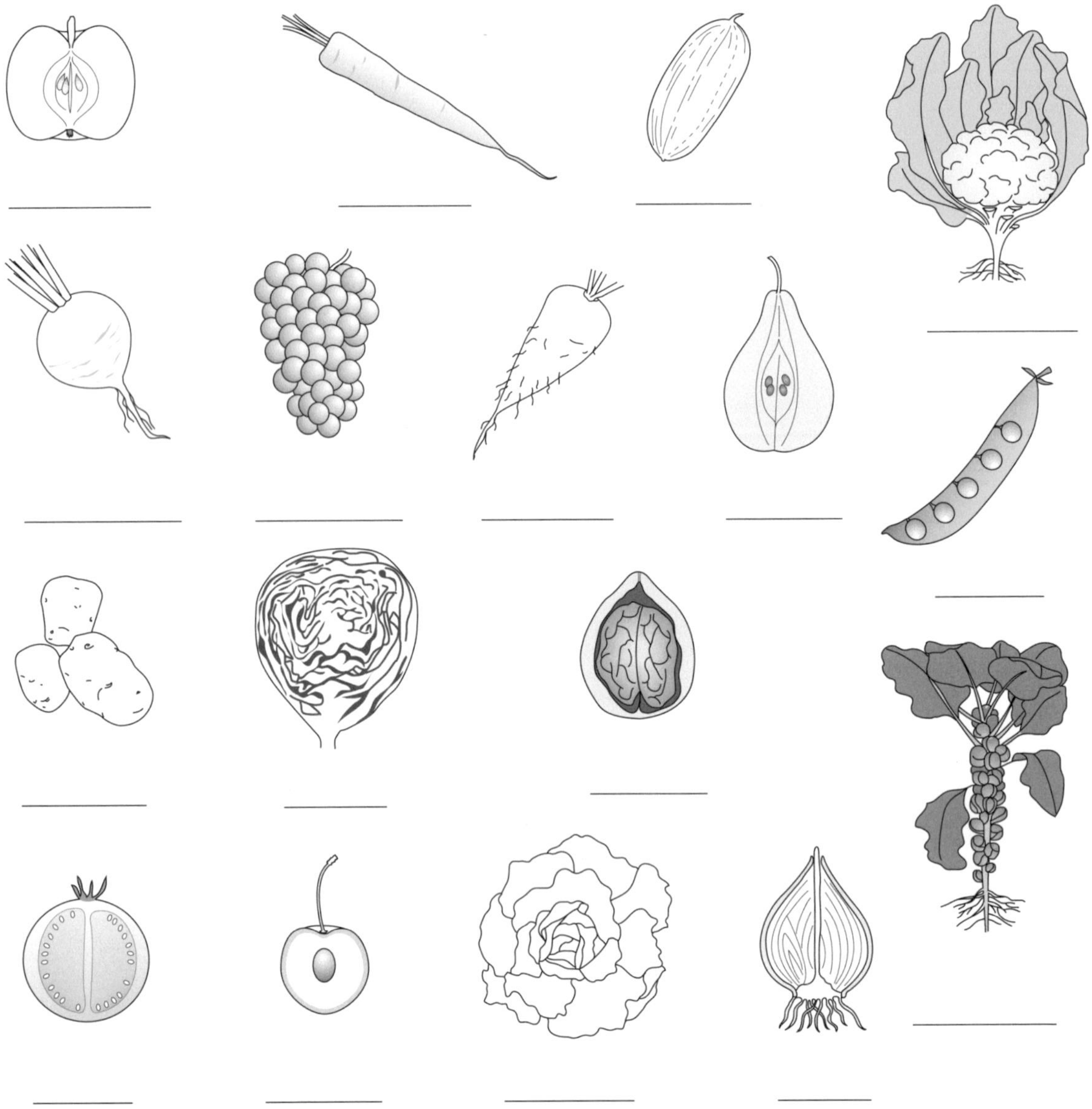

**2** Unterscheide bei der oben abgebildeten Nahrung aus dem Garten zwischen Früchten und „Nichtfrüchten".

Früchte:

Nichtfrüchte:

## Bau des Bohnensamens

**1** Untersuche den Bau von Samen (z. B. der Gartenbohne). Vergleiche trockene und gequollene Samen.

| **Samen der Gartenbohne** | **trocken** | **gequollen** |
|---|---|---|
| Druckfestigkeit | | |
| Samenschale | | |
| Gewicht (10 Stück) | | |
| Länge | | |

**2** Zerlege den Samen. Beschrifte die Teile.

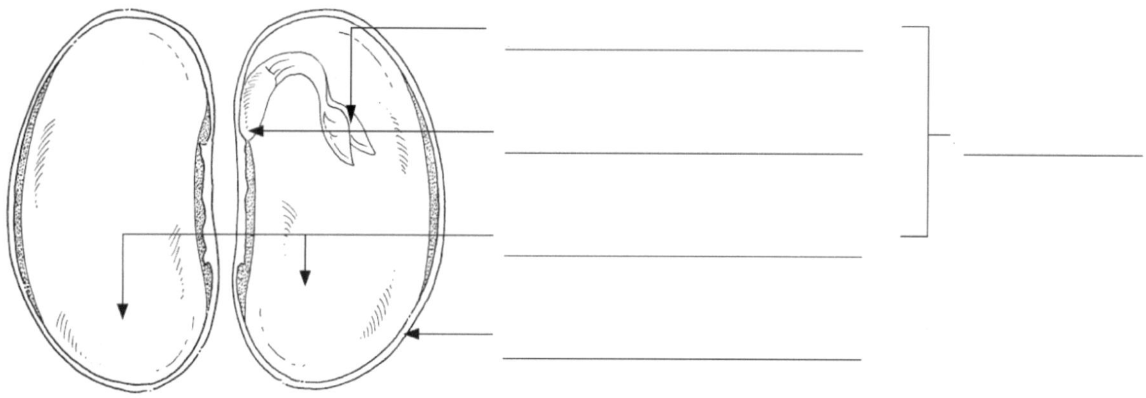

**3** In welchem Samenteil ist der Nährstoff Stärke enthalten? Untersuche auf der Tüpfelplatte zunächst Stärkepulver mit Iod-Kaliumiodid-Lösung.

| **Teile** | | **Ergebnis** |
|---|---|---|
| Stärkepulver | 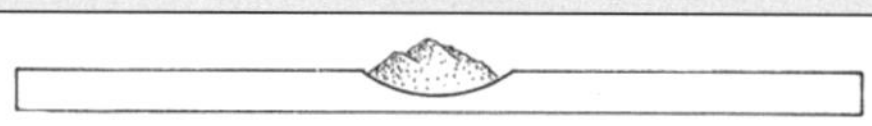 | + |
| Samenschale | 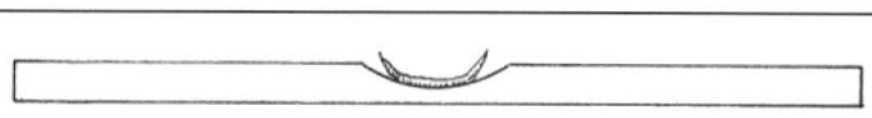 | |
| Keimblätter |  | |
| Keimwurzel und erste Laubblätter |  | |

Ergebnis: ______________________________________________

______________________________________________________

## Keimung und Entwicklung der Bohne

Die Abbildungen zeigen wichtige Entwicklungsschritte einer Bohnenpflanze.

**1** Male die Abbildungen wie folgt aus: Samenschale braun, Keimblätter hellblau, Keimling gelb, Laubblätter grün.

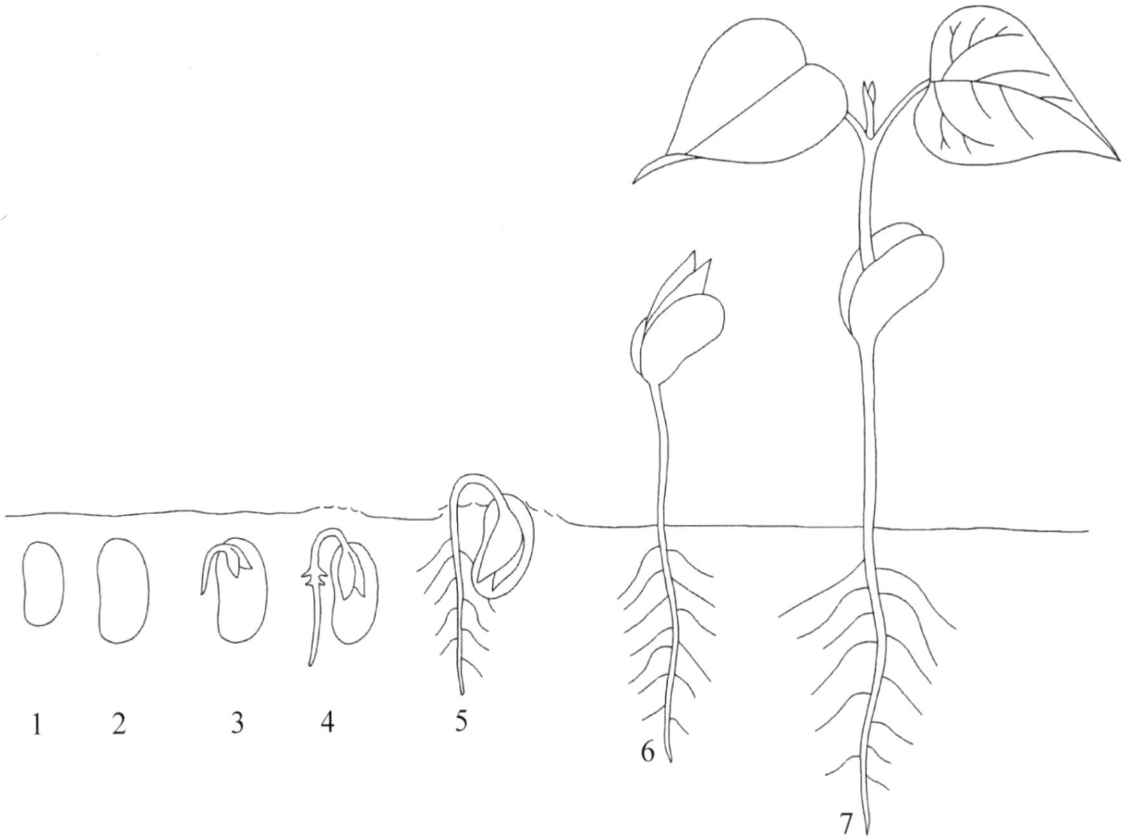


**2** Fülle die Tabelle über die Entwicklung der Bohne aus. Beschreibe die dargestellten Vorgänge stichwortartig.

| Nr. | Entwicklungsschritte |
|---|---|
| 1 | |
| 2 | |
| 3 | |
| 4 | |
| 5 | |
| 6 | |
| 7 | |

# Keimungsversuche mit Kressesamen

**1** Hier findest du den Vorschlag für ein Versuchsprotokoll.
Du kannst es verwenden, wenn du beobachten willst, unter welchen Bedingungen die Kresse am besten keimt.
Die kleinen Bildchen am Kopf der Tabelle zeigen dir, welche Bedingung jeweils verändert werden soll.

a Beobachte das Keimen von 10 Kressesamen etwa eine Woche lang und fülle dann die Tabelle aus.

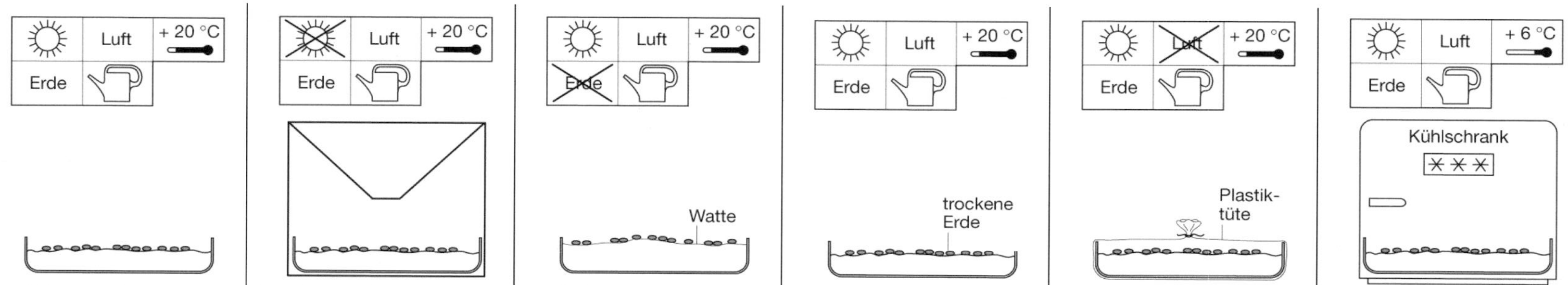


| | | | | | |
|---|---|---|---|---|---|
| Beobachtung: | Beobachtung: | Beobachtung: | Beobachtung: | Beobachtung: | Beobachtung: |
| Den Samen fehlt: | Den Samen fehlt: | Den Samen fehlt: | Den Samen fehlt: | Den Samen fehlt: | Den Samen fehlt: |

b Schreibe die Anzahl der gekeimten Kressesamen in die folgenden Kästchen.

c Werte den Versuch aus.

## Verbreitung von Samen und Früchten

**1** Ordne den Abbildungen die folgenden Pflanzennamen zu: Ahorn, Große Klette, Hasel, Klatschmohn, Löwenzahn, Seerose, Springkraut,Vogelbeere, Weißbirke.

1 ______________________ 2 ______________________ 3 ______________________

4 ______________________ 5 ______________________ 6 ______________________

7 ______________________ 8 ______________________ 9 ______________________

**2** Ordne die oben abgebildeten Samen oder Früchte in die folgende Tabelle ein. Verwende unter dem Stichwort „Verbreitungstyp“ folgende Begriffe: Beere, Klettfrucht, Nuss, Schirmflieger, Schleuderfrucht, Schraubenflieger, Schwimmsamen, Segelflieger, Streufrucht.

| Verbreitungsart | Beispiele | Verbreitungstyp |
|---|---|---|
| Verbreitung durch Wind | | |
| Verbreitung durch Tiere | | |
| Verbreitung durch Wasser | | |
| Selbstverbreitung | | |

## Wir unterscheiden Gegenstände und Stoffe

**1** Welche Beziehung besteht zwischen den Begriffen „Gegenstand“ und „Stoff“?

**2** Viele Gegenstände können aus unterschiedlichen Materialien (Stoffen) hergestellt werden. Welche Gegenstände lassen sich aus dem Stoff Kupfer herstellen?

**3** Sieh einmal bei euch zu Hause nach, aus welchen Stoffen eure Schüsseln hergestellt sind.

**4** Vorsicht beim Umgang mit gesundheitsgefährdenden Stoffen! Solche Stoffe müssen deutlich und unverwechselbar gekennzeichnet werden. Dafür sind verschiedene Gefahrensymbole vorgeschrieben. Ergänze die Tabelle.

| Gefahrensymbol | Kennbuchstabe | Bedeutung |
|---|---|---|
|  | | |
|  | | |
|  | | |
|  | | |
|  | | |
|  | | |

## Aggregatzustände von Stoffen

**1** Beschrifte die folgende Abbildung. Gib dabei auch die Temperaturen an, bei denen das Wasser in einen anderen Aggregatzustand übergeht.

**Wasserdampf**
Zustandsform: ____________

Temperatur: ________ Vorgang: __________ (Wasser → Wasserdampf)

Temperatur: ________ Vorgang: __________ (Wasserdampf → Wasser)

**Wasser**
Zustandsform: ____________

Temperatur: ________ Vorgang: __________ (Eis → Wasser)

Temperatur: ________ Vorgang: __________ (Wasser → Eis)

**Eis**
Zustandsform: ____________

**2** Aus dem abgebildeten Säulendiagramm unten kannst du die Aggregatzustände einiger Stoffe bei Raumtemperatur ablesen. Ordne sie in die folgende Tabelle ein.

| Aggregatzustand bei 20 °C | | |
|---|---|---|
| **fest** | **flüssig** | **gasförmig** |
| | | |
| | | |
| | | |

**3** Notiere jeweils den Aggregatzustand. Verwende dazu das Säulendiagramm.

Wachs bei 400 °C: ____________________

Blei bei 200 °C: ____________________

Sauerstoff bei – 200 °C: ____________________

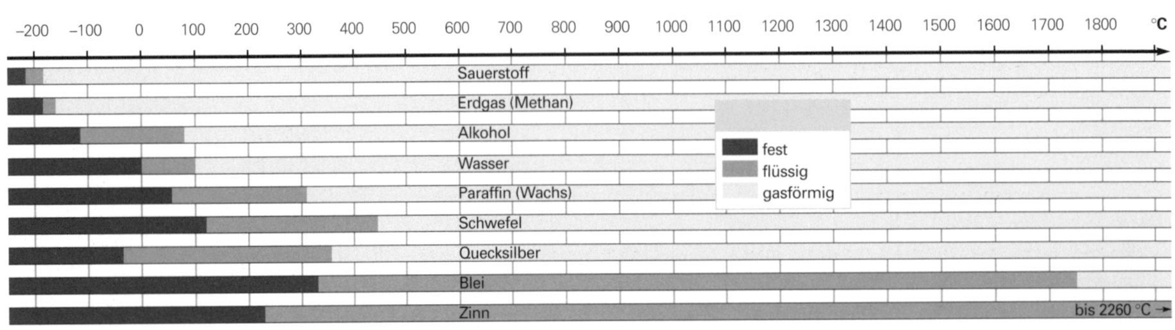

## Stoffeigenschaften erkennen (1)

**1** Einige Stoffeigenschaften kann man mithilfe der Sinnesorgane erkennen. Fülle die Tabelle aus.

| Sinnesorgan | zum Erkennen folgender Eigenschaften |
|---|---|
| Auge 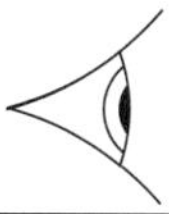 | |
| Nase  | |
| Haut  | |
| Ohr 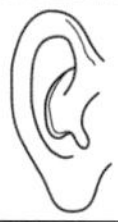 | |
| Zunge  *Achtung! Im Unterricht niemals kosten!* | |

**2** Untersuche mit deinen Sinnesorganen ein Stück Styropor®. Notiere deine Beobachtungen.

Mit den Augen: ______________________________

______________________________

Mit der Nase: ______________________________

Mit den Händen (der Haut): ______________________________

**3** Unsere Sinnesorgane können uns helfen, Gefahren zu erkennenn. Nenne Beispiele.

______________________________

______________________________

**4** Die Eigenschaften eines Stoffes bestimmen auch seine Verwendung. Sieh dir die Abbildung an. Beschreibe, an welche Eigenschaft der Stoffe man nicht gedacht hat.

______________________________

______________________________

______________________________

______________________________

## Stoffeigenschaften erkennen (2)

**1** Mit unseren Sinnesorganen können wir nur wenige Stoffeigenschaften eindeutig bestimmen. Deshalb müssen weitere Untersuchungen mit Hilfsmitteln durchgeführt werden.

| | **Wir untersuchen ...** | **... und stellen fest** |
|---|---|---|
| 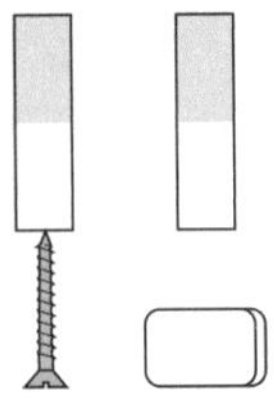 | Verhalten gegenüber Magneten | |
| 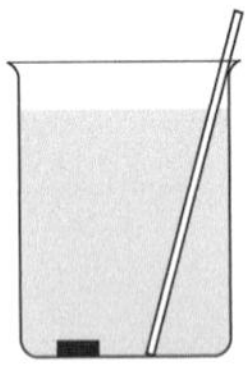 | | |
|  | | |
| 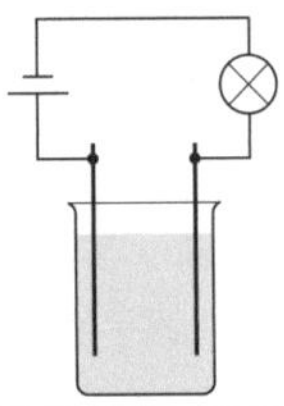 | | Welche untersuchten Stoffe leiten? Kreuze an.<br>☐ Kupfer ☐ Kohlenstoff (Bleistiftmine)<br>☐ Glas ☐ destilliertes Wasser<br>☐ Holz ☐ Leitungswasser |

**2** Im Kühlschrank stehen zwei Flaschen mit Essig und Öl – leider ohne Etiketten. Wie kann man erkennen, welche Flasche Öl und welche Essig enthält? (Die Flaschen sollen dabei nicht geöffnet werden.)

**3** Welche Methode würdest du wählen, um Puderzucker von Mehl zu unterscheiden? Beschreibe.

## Steckbriefe von Stoffen

**1** Stelle Steckbriefe für drei Stoffe auf.

Stoff: Kupfer

Farbe: ______

Aggregatzustand bei 20 °C: ______

Oberfläche, Härte: ______

Löslichkeit in Wasser: ______

Verhalten beim Erhitzen im Verbrennungslöffel:

______

Verhalten gegenüber Magneten: ______

elektrische Leitfähigkeit: ______

Stoff: ______

Farbe: ______

Aggregatzustand bei 20 °C: ______

Oberfläche, Härte: ______

Löslichkeit in Wasser: ______

Verhalten beim Erhitzen im Verbrennungslöffel:

______

Verhalten gegenüber Magneten: ______

elektrische Leitfähigkeit: ______

Stoff: ______

Farbe: ______

Aggregatzustand bei 20 °C: ______

Oberfläche, Härte: ______

Löslichkeit in Wasser: ______

Verhalten beim Erhitzen im Verbrennungslöffel:

______

Verhalten gegenüber Magneten: ______

elektrische Leitfähigkeit: ______

## Wir trennen Stoffgemische

**1** Hier sind einige Trennverfahren abgebildet. Beschrifte die Verfahren und ergänze die Tabelle.

| Trennverfahren | Beispiel | zur Trennung genutzte Eigenschaften |
|---|---|---|
| 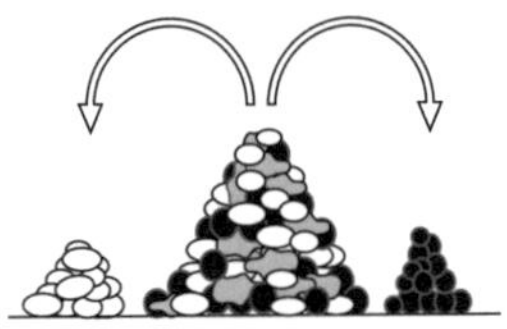 | Studentenfutter | |
|  | | |
| 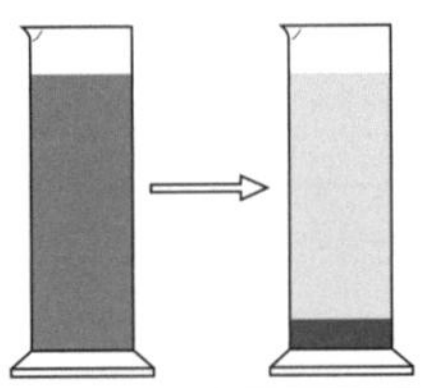 | | |
| 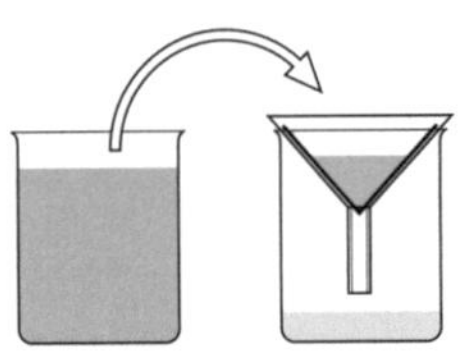 | | |
| 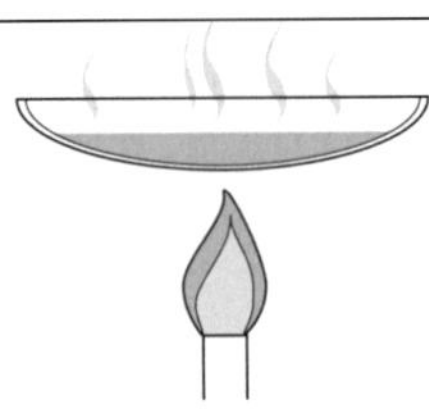 | | |
| 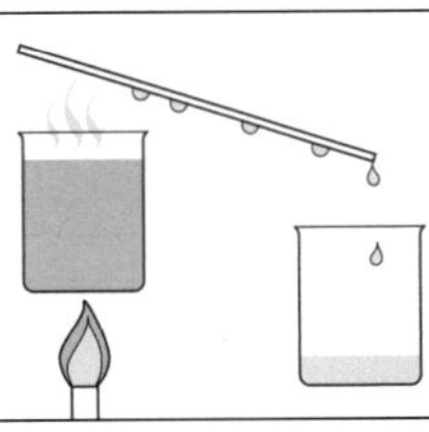 | | |
| 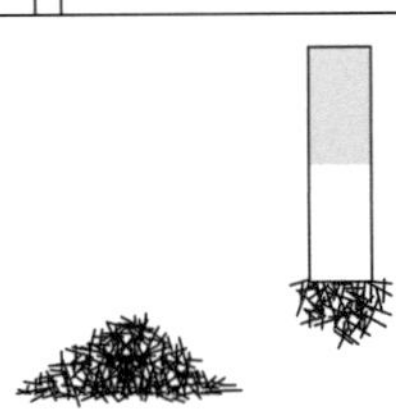 | | |

## Wohin mit dem Müll? (1)

**1** Müll wird heute fast überall getrennt gesammelt. In welchen der folgenden Behälter würdest du diese Abfälle entsorgen: Zeitungen, Holzreste, verwelkte Blumen, gefüllte Staubsaugertüten, Flaschen, Joghurtbecher, Gemüsereste, Porzellan, Pappkartons, zerrissene Kleidung, Milchtüten, Lederreste, Coladosen?

Restmülltonne: ______________________________

______________________________

Biomülltonne: ______________________________

Papiertonne: ______________________________

Gelber Sack: ______________________________

Glascontainer: ______________________________

**2** Was verstehst du unter den folgenden Begriffen: Restmüll, Sperrmüll, Wertstoff, Biomüll? Beschreibe und nenne Beispiele.

Restmülltonne: ______________________________

Sperrmüll: ______________________________

______________________________

Wertstoff: ______________________________

Biomüll: ______________________________

**3** In die gelben Säcke oder Behälter kommen unterschiedliche Verpackungen.

a Sie müssen alle ein gemeinsames Merkmal haben. Welches ist das?

______________________________

b Welche Bedeutung hat der „grüne Punkt“?

______________________________

______________________________

c Die Verpackungen, die in die gelben Säcke gelangen, bestehen aus unterschiedlichen Stoffen. Nenne einige Beispiele.

______________________________

______________________________

## Wohin mit dem Müll? (2)

**1** Von 100 kg Müll aus gelben Säcken werden ca. 40 kg für neue Produkte verwendet. In welchen Fabriken werden aus den alten Produkten neue hergestellt?

**2** Der Aufwand für die Erfassung und Verwertung von Verpackungsabfällen aus dem gelben Sack ist hoch.
Kritiker meinen: „Es lohnt sich nur, Flaschen, Papier und Pappe zu sammeln. Der meiste Kunststoff wird sowieso nur verbrannt.“
Sieh dir dazu noch einmal die Übersicht an. Bewerte die Aussage.

**3** Müllvermeidung geht vor Müllverwertung! Warum ist das wichtig?

## Energieformen

**1** Welche Energieformen sind in den Abbildungen dargestellt?

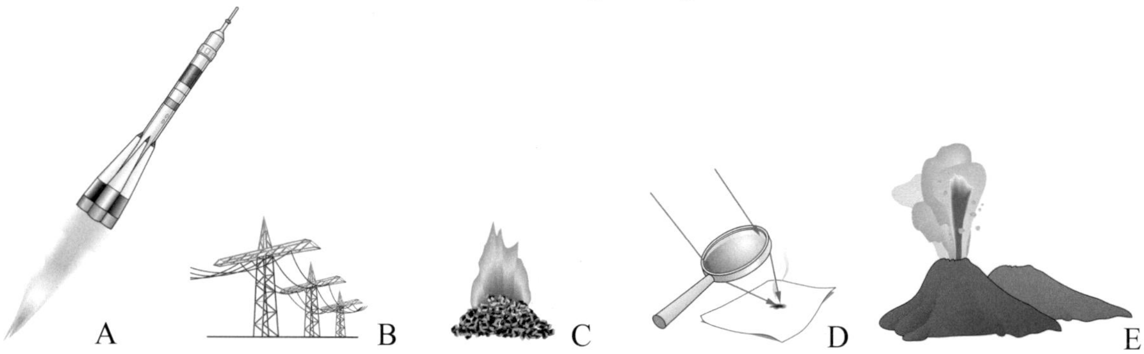


______________________________________________________________

______________________________________________________________

**2** Welche Energieformen liegen in den folgenden Beispielen vor?

a Ein Läufer besitzt ______________________________.

b Eine rollende Kugel besitzt ______________________________.

c Die Nährstoffe in der Nahrung haben ______________________________.

d Eine Taschenlampenbatterie besitzt ______________________________.

e Die Spitze eines heißen Lötkolbens besitzt ______________________________.

f Eine leuchtende Glühlampe gibt ______________________________ ab.

**3** Menschen, Tiere, Pflanzen und auch Maschinen wandeln Energie von einer Form in eine andere um. Ergänze die Energieformen, die in den folgenden Beispielen umgewandelt werden.

| | | | | |
|---|---|---|---|---|
| chemische Energie | ⟶ | Auto | ⟶ | Bewegungsenergie |
| ______________ | ⟶ | Weihnachtspyramide | ⟶ | ______________ |
| ______________ | ⟶ | Kletterer | ⟶ | ______________ |
| ______________ | ⟶ | Mixer | ⟶ | ______________ |
| ______________ | ⟶ | Rennpferd | ⟶ | ______________ |
| ______________ | ⟶ | Wasserrad | ⟶ | ______________ |
| ______________ | ⟶ | Sonnenblume | ⟶ | ______________ |

## Pflanzen versorgen sich selbst – Fotosynthese

**1** Trage den Weg der in das Blatt aufgenommenen Stoffe und der notwendigen Energie mit verschiedenfarbigen Pfeilen ein. Schreibe den Namen des gebildeten Stoffes in das Kästchen im Laubblatt.

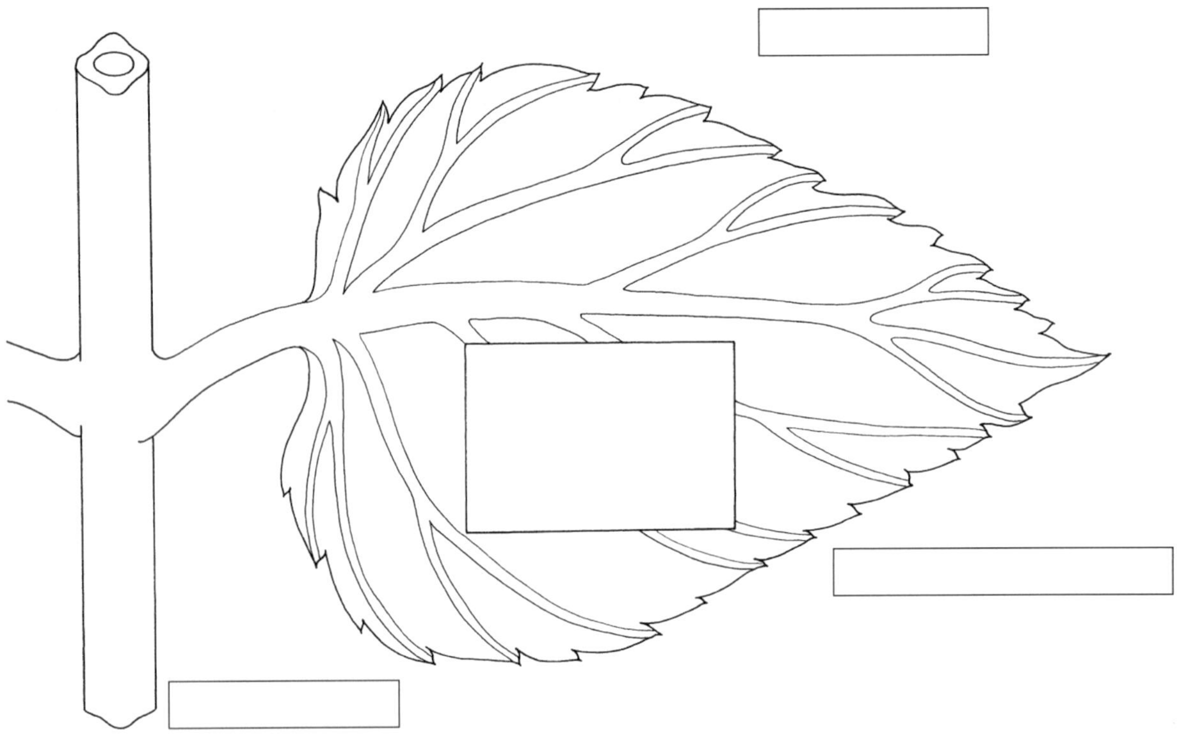

**2** Welche Bedingungen sind für den Ablauf der Fotosynthese unerlässlich? Ergänze die Abbildung durch ein Symbol mit einer geeigneten Farbgebung.

Bedingungen für die Fotosynthese sind _____, _______ und ________________.

**3** Vervollständige den folgenden Satz über die Fotosynthese. Setze diese Begriffe richtig ein: Belichtung, Kohlenstoffdioxid, Zucker, Wasser.

Aus _______ und ________________ wird bei _________ in den grünen Laubblättern _______ gebildet.

## Stoff- und Energieumwandlung in Pflanzen – Fotosynthese

Du weißt: Energiereicher Zucker kann von Pflanzen mithilfe von Lichtenergie aus energiearmem Kohlenstoffdioxid und energiearmem Wasser gebildet werden. Dabei wird Sauerstoff frei, der an die Luft abgegeben wird. Diesen Vorgang bezeichnet man als Fotosynthese.

**1** In der Abbildung ist der Vorgang der Fotosynthese modellhaft mit Bausteinen dargestellt. Ein Zuckerteilchen besteht aus Teilchen dreier verschiedener Stoffe. Jede Farbe symbolisiert dabei einen anderen Stoff. Auch Sauerstoff, Wasser und Kohlenstoffdioxid bestehen aus einem oder mehreren dieser Stoffe.
Finde mithilfe von Spielsteinen heraus, wie viele Kohlenstoffdioxidteilchen und Wasserteilchen notwendig sind, um aus ihnen 1 Zuckerteilchen zu bilden. Wie viele Sauerstoffteilchen bleiben dabei übrig? Trage deine Ergebnisse in die freien Kästchen ein.

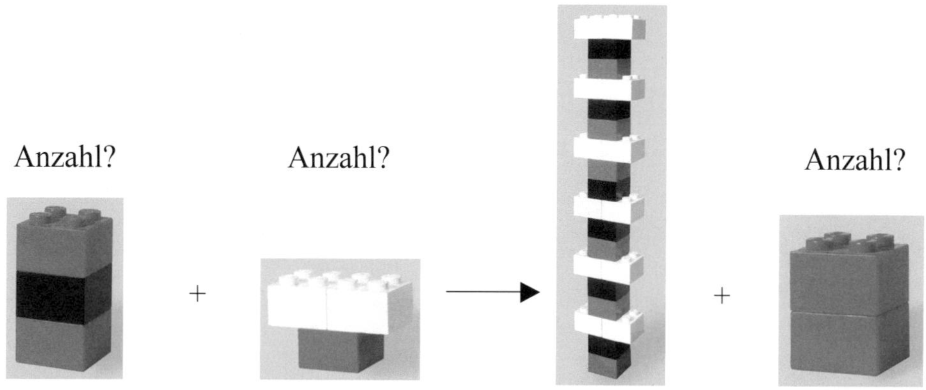


Kohlenstoffdioxidteilchen + Wasserteilchen ⟶ Zuckerteilchen + Sauerstoffteilchen

| | | | |
|---|---|---|---|
| ☐ | ☐ | 1 | ☐ |

**2** Suche nach Gründen, weshalb die Fotosynthese für das Leben auf der Erde so wichtig ist.

____________________________________________

____________________________________________

____________________________________________

____________________________________________

**3** Viele Heil- und Kurorte für Menschen mit Lungenerkrankungen liegen in waldreichen Gebieten. Kannst du dir denken, warum das so ist?

____________________________________________

____________________________________________

____________________________________________

## Der Weg des Wassers durch die Pflanze

**1** Zeichne in die Abbildung den Weg des Wassers durch die Pflanze mittels roter Linien ein. In welchem Aggregatzustand kommt das Wasser in die Pflanze und in welchem verlässt es die Pflanze?

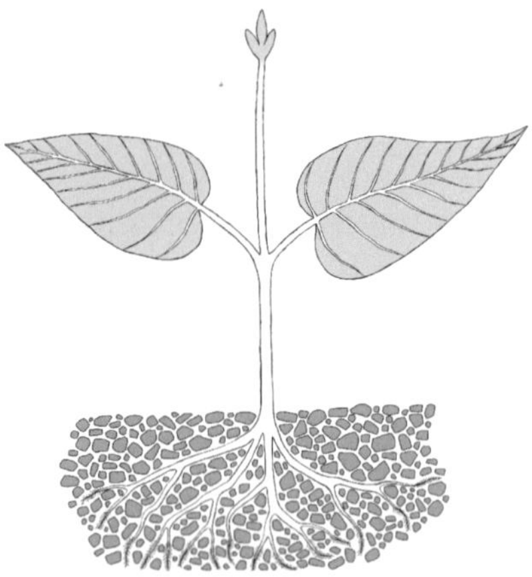

________________________________________

________________________________________

________________________________________

________________________________________

________________________________________

________________________________________

________________________________________

________________________________________

**2** Bereite ein Experiment nach folgender Versuchsanordnung vor.

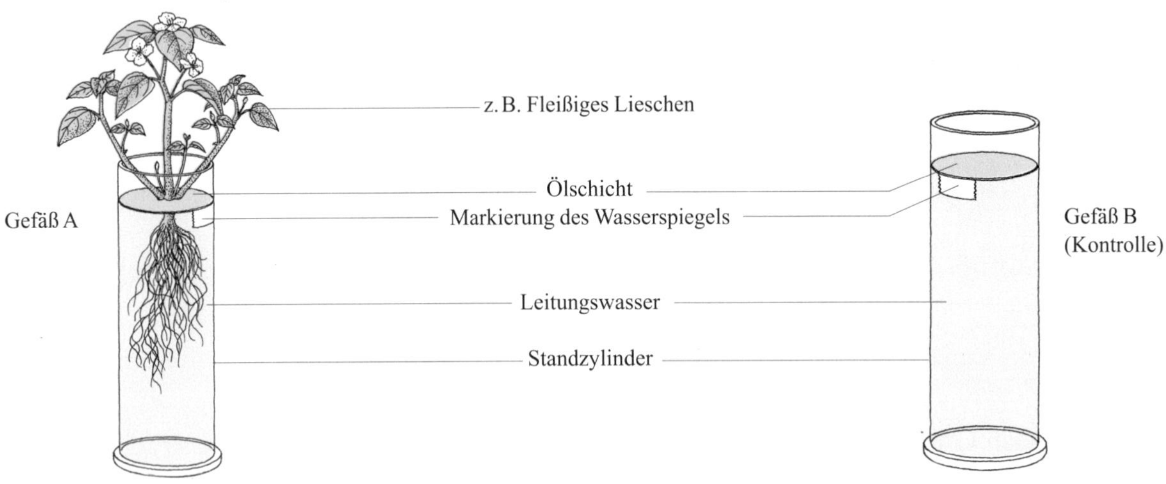


Beantworte nach einem Tag folgende Fragen:

a Wie hoch ist der Wasserstand in beiden Gefäßen nach 24 Stunden?

________________________________________

________________________________________

b Welche Funktion der Wurzel wird mit diesem Experiment verdeutlicht?

________________________________________

c Welche Rolle spielt in diesem Experiment die Ölschicht?

________________________________________

________________________________________

________________________________________

## Pflanzen aus verschiedenen Familien

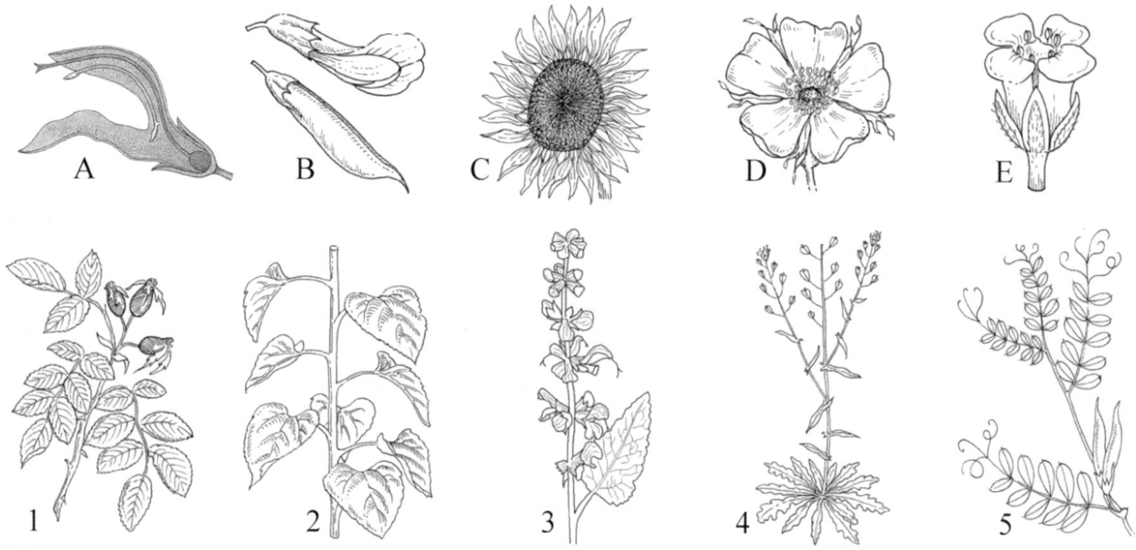


**1** Notiere Nummern und Buchstaben der zueinander gehörenden Pflanzenteile in der ersten Spalte der folgenden Tabelle.

**2** Zu welcher Pflanzenfamilie gehören diese Pflanzen? Nenne ihre charakteristischen Merkmale.

| | Pflanzenfamilie | Erkennungsmerkmale |
|---|---|---|
| | | |
| | | |
| | | |
| | | |
| | | |

## Heil- und Giftpflanzen

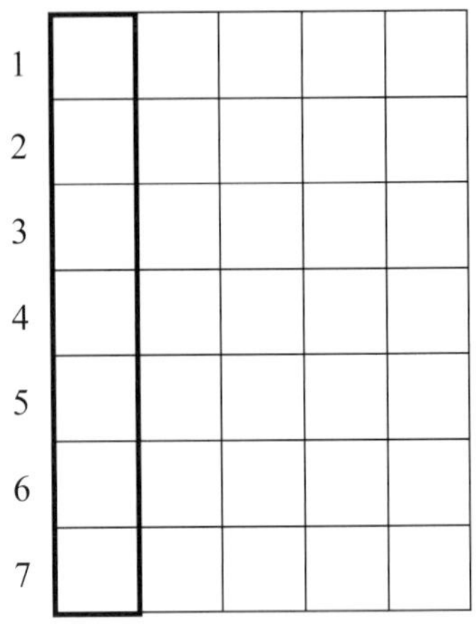


**1** Gesucht wird der Name einer Pflanze, die seit Jahrhunderten zum Würzen von Speisen und als Arzneipflanze verwendet wird.

(1) Insekt, dessen Larven Wollstoff zerfressen – (2) Herbstblume im Garten – (3) kein Mädchen – (4) Giftschlange – (5) Grünfläche im Park – (6) Frucht eines Obstbaumes – (7) Blütenteil, auf dem bei der Bestäubung der Pollen liegt

Lösungswort (Anfangsbuchstaben von 1 bis 7):

___________________________________

**2** Schlage im Lehrbuch oder anderen Fachbüchern (z. B. Arzneipflanzenbuch oder im Lexikon) nach, zu welchen Speisen diese Pflanze als Gewürz dient.
Bei welchen Krankheiten hilft sie heilen?

___________________________________

___________________________________

**3** Löse folgendes Rätsel. Wenn du alleine nicht weiter kommst, benutze dein Lehrbuch (Seiten 88–89). Das senkrechte Lösungswort ergibt eine Giftpflanze, die in Gärten häufig als Hecke angepflanzt wird.

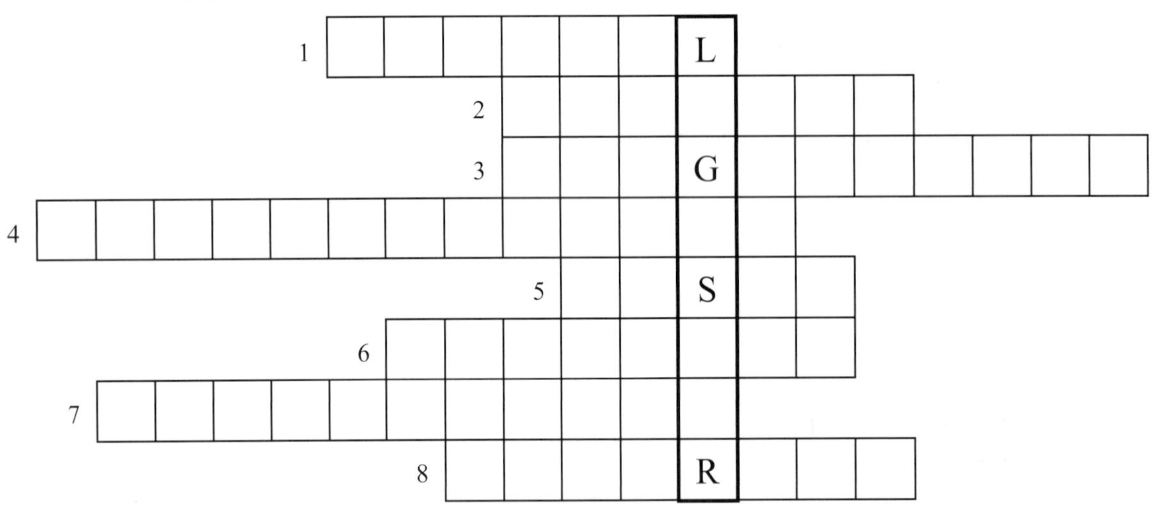


(1) Heil- und Gemüsepflanze, die beim Zerschneiden in den Augen brennt
(2) Daraus kocht man einen Tee bei Erkältung.
(3) Daraus stellt man Salben für schlecht heilende Wunden her.
(4) Das Öl dieser Pflanze heilt Brandwunden.
(5) Das müssen Kräuterfrauen bei der Verwendung von Heilpflanzen beachten.
(6) eine Giftpflanze mit roten Beeren aus unseren Wäldern
(7) Die Kirschen dieser Pflanze sind schwarz und giftig.
(8) Die Wurzeln dieser Pflanze ergeben einen Beruhigungstee.

## Der Hund

**1** Die Abbildung zeigt das Gebiss des Hundes.

a Ziehe Verbindungslinien von den Zähnen zu den einzelnen Zahntypen.

b Benenne die Zahntypen des Gebisses.

c Male die Zähne farbig aus:
die Schneidezähne rot,
die Eckzähne gelb und
die Backenzähne blau.

d Welche Aufgaben haben die Zähne?

e Welchen Gebisstyp hat der Hund?

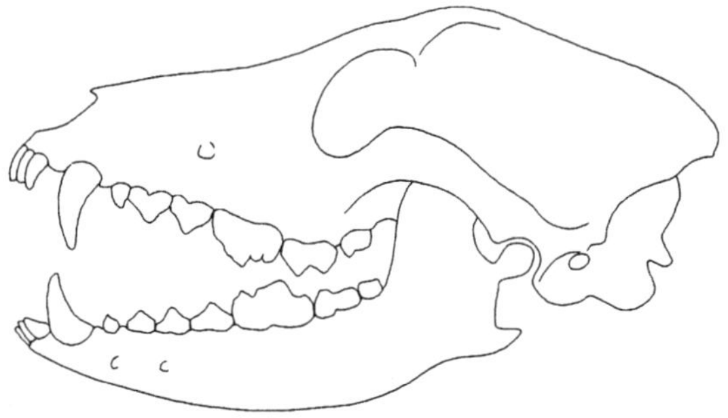

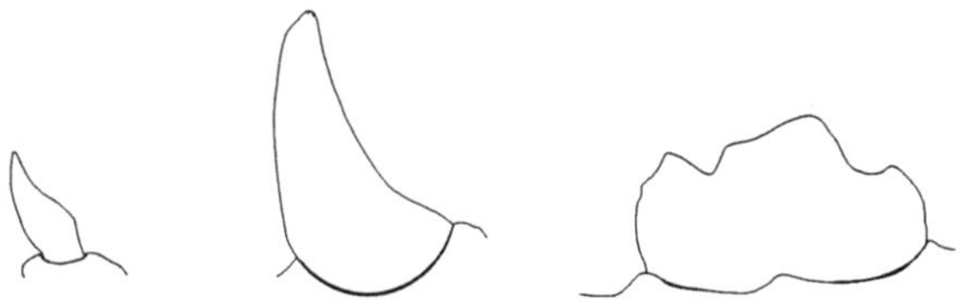

______________________________

Zu b) ______________________________

Zu d) ______________________________

______________________________

**2** Welche Sinne sind beim Hund besonders gut ausgeprägt?

a Nenne sie. ______________________________

b Male diese Sinnesorgane in der Zeichnung farbig aus.

c Zähle Beispiele auf, bei denen sich der Mensch die besonderen Sinnesleistungen des Hundes zunutze macht.

______________________________

______________________________

______________________________

**3** Die Pfoten von Katze (links) und Hund (rechts) unterscheiden sich.
Beschreibe die Unterschiede.

Die Krallen sind eingezogen und liegen hinter den kleinen Ballen.

______________________________

______________________________

______________________________

______________________________

______________________________

______________________________

## Hunde und Wölfe sprechen eine Sprache

**1** Betrachte die unterschiedlichen Zeichnungen vom Wolfsgesicht. Beschreibe den Gesichtsausdruck und die Stellung der Ohren. Versuche herauszufinden, in welcher Stimmung sich der Wolf befindet.

**2** Ob Hunde eine ähnliche Mimik aufweisen? Schreibe deine Vermutungen stichpunktartig auf. Zeige die Abbildungen einem Hundebesitzer. Bestätigen sich deine Vermutungen?

**3** In deinem Lehrbuch auf Seite 102 ist die Körpersprache des Wolfs dargestellt. Vergleiche mit der hier abgebildeten Körpersprache des Hundes.
In welcher Stimmung befindet sich der Hund? Beschrifte die Abbildungen.

# Das Pferd

**1** Die Vorfahren unseres Hauspferdes waren Wildpferde. Sie lebten als Herdentiere in den weiten Steppenlandschaften Europas und Asiens. Heute kann man nur noch eine Wildpferdeart, das Przewalski-Pferd, in Zoos und Wildparks beobachten.
Die „Wildpferde“ in Frankreich oder Nordamerika sind verwilderte Hauspferde.

a Die Wildpferde der Steppe hatten keine wirksamen Abwehrwaffen gegen ihre Feinde, z. B. Wolf und Tiger. Wie reagierten sie, wenn ein solches Raubtier auftauchte?

___

b Welches Verhalten unserer Hauspferde erinnert daran?

___

c Pferde sind Fluchttiere. Wie sind ihre Sinnesorgane daran angepasst?

___

___

**2** Pferde sind ausdauernde Lauftiere.

a Gib zu den Ziffern des Vorderbeinskeletts die Benennungen an.

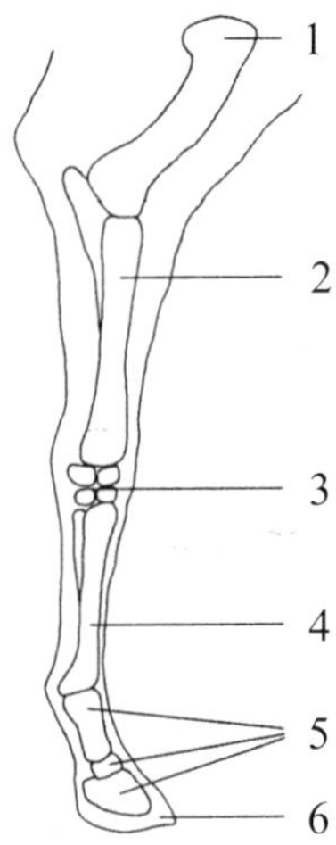


___

___

___

b Welche Merkmale eines Lauftieres sind zu erkennen?

___

___

**3** Pferde sind Pflanzenfresser.

a Benenne die Zähne des abgebildeten Hengstschädels.

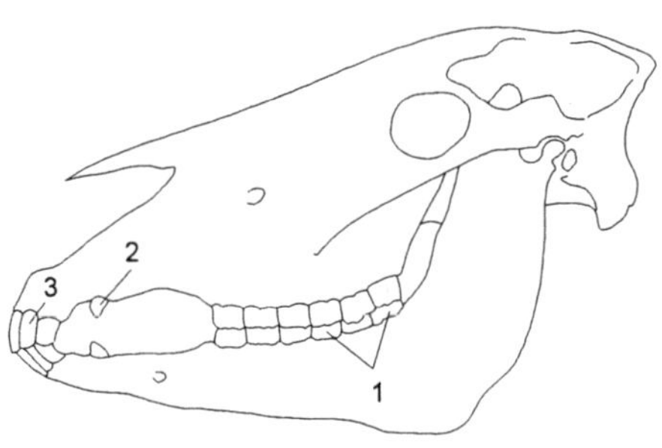


___

___

___

b Ergänze die folgenden Sätze.

Mit den __________ Backenzähnen wird das Gras __________________

________________. Pferde beißen das Gras mit ihren ________________ und mithilfe der Lippen ab.

## Kennzeichen von Säugetieren

**1** Das Meerschweinchen ist ein Säugetier. Es gibt zwei wesentliche Kennzeichen von Säugetieren. Die kannst du auch in der Abbildung erkennen.
Schreibe diese Kennzeichen auf.

1. ______________________________

______________________________

______________________________

______________________________

2. ______________________________

______________________________

**2** Man sagt: „Säugetiere sind in der Regel gleichwarm."

a Beschreibe mithilfe der Abbildung, was das bedeutet.

______________________________

______________________________

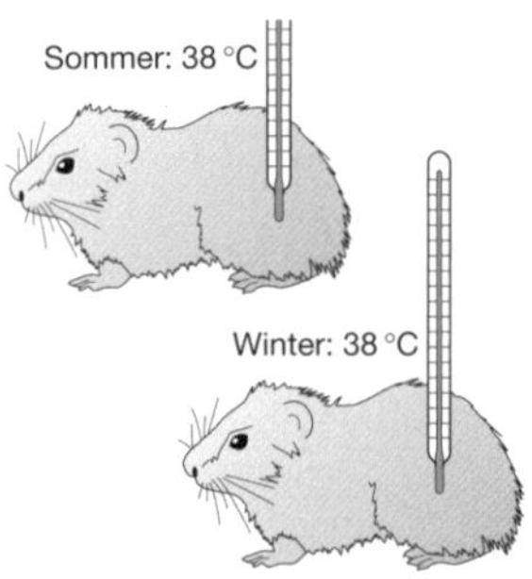


b Ausnahmen von dieser Regel bilden z. B. Igel, Hamster und Fledermäuse. Worin besteht die Ausnahme?

______________________________

______________________________

**3** Nicht nur die Meerschweinchen sind Säugetiere, sondern z. B. auch Hunde, Katzen, Rennmäuse und Zwergkaninchen.
Trage in die folgende Abbildung die Kennzeichen eines Säugetiers ein.

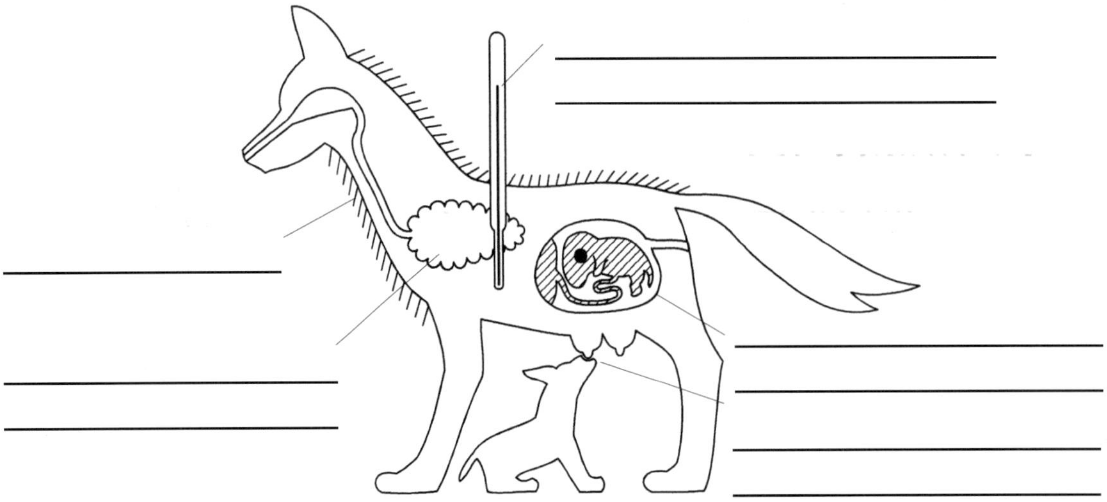

## Säugetierrätsel

**1** Finde das Lösungswort. Übertrage dazu die Buchstaben der markierten Felder in der richtigen Reihenfolge in das Lösungsfeld. Das Lösungswort nennt eine Gemeinsamkeit fast aller hier abgebildeten Säugetiere. Tipp: Es ist ein anderer Ausdruck für das Wort „Fell“.

| | | | | | | | | | | |
|---|---|---|---|---|---|---|---|---|---|---|
| 1. Dieses Tier frisst alles zweimal. | 4 | | | | | | | | | |
| 2. Aus seinen Haaren macht man Pullover. | | | | 3 | | | | | | |
| 3. Es geht immer auf Zehenspitzen. | | | | | 9 | | | | | |
| 4. Sie „maust“ gern. | 5 | | | | | | | | | |
| 5. Man sagt: „Der beste Freund des Menschen“. | 1 | | | | | | | | | |
| 6. Er heißt wie ein Haustier, lebt aber im Meer. | | | 7 | | | | | | | |
| 7. Sie hat keine Federn, kann aber fliegen. | | 6 | | | | | | 2 | | |
| 8. Obwohl er kein Fisch ist, hat er Flossen. | | | | | 8 | | | | | |

Lösungswort des Tierrätsels:

| 1 | 2 | 3 | 4 | 5 | 6 | 7 | 8 | 9 |
|---|---|---|---|---|---|---|---|---|
| | | | | | | | | |

**2** Welche der abgebildeten Tiere sind Heimtiere, welche sind Nutztiere und welche sind wildlebende Tiere?

Heimtiere: ______________________________

Nutztiere: ______________________________

wildlebende Tiere: ________________________

## Vielfalt der Lurche

**1** Die folgenden Abbildungen zeigen einige heimische Lurche. Ordne sie in die Übersicht ein, indem du ihre jeweiligen Artnamen einträgst.

Laubfrosch

Erdkröte

Wasserfrosch

Gelbbauchunke

Teichmolch

Grasfrosch

- Lurche
  - Froschlurche
    - Frösche
      - Laubfrosch
      - Gras Frocch
      - Wasserfrosch
    - Kröten/Unken
      - Erd.Kröte
      - Gelbbauchunke
  - Schwanzlurche
    - Teichmolch

**2** Ergänze die fehlenden Begriffe.

Lurche werden in zwei große Gruppen eingeteilt, die Schwanzlurche und die Froschlursch, je nachdem, ob ein Schwan- zeitlebens vorhanden ist oder nicht.

An ihrer Haut kann man Frösche und Kröten unterscheiden. Frösche haben eine glatte Haut, während Kröten eine trockene Haut besitzen.

## Einheimische Lurche sind gefährdet

**1** Setze folgende Begriffe in den nachstehenden Lückentext ein: Kleingewässer, fließen schnell, Feuchtgebiete, Abwässer, Flüsse, Autobahn, geringen Pflanzenwuchs.

In allen Gebieten unserer Heimat wurden und werden ____________ und ____________ insbesondere durch Baumaßnahmen beseitigt. Jeder Radweg, jedes Bau- und Gewerbegebiet und erst recht jede ________ führen zur Vernichtung verschiedener Lebensräume oder beeinträchtigen diese. Gräben, Bäche und ______ nehmen noch heute nicht vollständig gereinigte ________ auf. Großräumige Veränderungen in der Natur, beispielsweise die Erschließung eines Tagebaus oder einer Kiesgrube, führen häufig zur Verlegung oder Begradigung von Bächen und Flüssen. Die neuen Gewässer sind an den Ufern steil, nicht selten ist ihr Bett befestigt, sie ____________ und haben einen ____________________. Sie sind so als Lebensraum für Lurche wenig geeignet.

**2** In Deutschland sind alle Lurche geschützt. In dem folgenden Rätsel haben sich 12 von ihnen versteckt. Kennzeichne jene Buchstaben, die einen Artnamen ergeben.

| | | | | | | | | | | | | | | | | |
|---|---|---|---|---|---|---|---|---|---|---|---|---|---|---|---|---|
| A | L | K | N | O | B | L | A | U | C | H | K | R | Ö | T | E | K |
| M | O | O | R | F | R | O | S | C | H | A | E | H | K | W | L | N |
| F | H | R | A | E | F | W | B | D | C | L | F | G | F | E | M | O |
| K | G | O | D | G | R | A | S | F | R | O | S | C | H | C | P | F |
| M | L | T | A | G | H | S | T | H | U | M | V | G | U | H | R | E |
| P | R | B | C | B | K | S | W | K | X | N | Z | E | M | S | S | U |
| S | O | A | M | B | L | E | A | C | L | D | F | L | N | E | R | E |
| V | U | U | R | C | S | R | E | F | M | O | B | B | T | L | O | R |
| Y | T | C | N | O | E | F | G | G | N | A | C | B | H | K | P | S |
| W | X | H | P | D | E | R | R | P | O | P | B | A | V | R | S | A |
| L | A | U | B | F | R | O | S | C | H | D | F | U | K | Ö | A | L |
| Z | K | N | S | X | D | S | H | Z | E | R | G | C | W | T | T | A |
| A | H | K | T | Z | K | C | K | W | X | L | P | H | L | E | G | M |
| L | G | E | W | U | R | H | V | T | S | S | X | U | Z | E | U | A |
| M | V | O | P | V | Ö | M | U | V | T | U | W | N | D | Y | F | N |
| F | W | R | S | T | T | N | O | U | R | Y | Z | K | C | V | X | D |
| C | E | U | K | R | E | U | Z | K | R | Ö | T | E | B | A | W | E |
| B | D | A | L | P | E | N | S | A | L | A | M | A | N | D | E | R |

## Gehören Feuersalamander und Zauneidechse zur selben Tiergruppe?

**1** Auf den ersten Blick könnten Feuersalamander und Zauneidechse zur selben Tiergruppe gehören, denn in ihrem äußeren Körperbau sehen sie sich sehr ähnlich.
Ob es wirklich so ist, wollen wir durch einen Vergleich herausbekommen. Wie wäre es mit Partnerarbeit?
Ein Partner erarbeitet sich das Wissen (z. B. mithilfe eines Tierlexikons oder eures Biologielehrbuches) über den Feuersalamander, der andere über die Zauneidechse.
Dadurch könnt ihr viel Zeit sparen. Füllt anschließend beide gemeinsam die folgende Tabelle aus.

| Merkmal | Feuersalamander | Zauneidechse |
|---|---|---|
| Körpergliederung | | |
| Körperbedeckung | | |
| Atmungsorgane | | |
| Ort der Befruchtung | | |

Gemeinsame Merkmale: ______________________________

Unterschiedliche Merkmale: ______________________________

Die Antwort auf unsere Frage: ______________________________

______________________________

______________________________

## Wie viel weißt du über Kriechtiere?

**1** Löse folgendes Kreuzworträtsel. Die markierten Felder ergeben von oben nach unten gelesen eine häufige Kriechtierart. Umlaute wie ä oder ö gelten als ein Buchstabe.

1 Körperteil der Eidechse, das Feinden zum Opfer fallen kann
2 Körpertemperatur der Kriechtiere
3 ausgestorbene Gruppe der Kriechtiere; waren die größten Landwirbeltiere, die jemals auf der Erde lebten
4 Schlange mit gelben Flecken hinter dem Kopf
5 Riechorgan bei Eidechsen und Schlangen
6 Riesenschlange, lebt in Westafrika
7 Organ, das Schlangengift bildet
8 Beutetiere der Kreuzotter
9 Gruppe der Kriechtiere
10 beinlose Echse
11 Gebilde der oberen Hautschicht bei Kriechtieren
12 Entwicklungsbedingung für Eidechseneier

| | | | | | | | | | | | | | | | | | |
|---|---|---|---|---|---|---|---|---|---|---|---|---|---|---|---|---|---|
| 1 | | | s | c | h | w | a | n | **z** | m | | | | | | | |
| 2 | W | e | C | H | s | e | l | W | **a** | r | m | | | | | | |
| 3 | | | | | | | S | a | **u** | r | i | e | r | | | | |
| 4 | | | R | i | n | g | e | l | **N** | a | t | t | e | r | | | |
| 5 | | | | | ~~L~~ | U | ~~N~~ | ~~G~~ | **~~E~~** | zunge | | | | | | | |
| 6 | | | | | | K | ö | n | **i** | g | s | P | y | t | H | o | n |
| 7 | | | | | G | i | f | t | **d** | r | ü | s | e | | | | |
| 8 | | | | | ~~L~~ m | Ä | N u | G s | **E** | X | | | | | | | |
| 9 | | | | | | | | E | **C** | h | s | e | n | | | | |
| 10 | | B | l | i | n | d | s | c | **h** | l | e | i | c | h | e | | |
| 11 | | | | | H | o | r | n | **S** | C | h | u | p | p | e | n | |
| 12 | | | | | W | ä | r | m | **E** | | | | | | | | |

**2** Es gibt zwölf einheimische Kriechtierarten. Sechs davon haben wir aufgeschrieben, aber leider sind alle Namen falsch gedruckt worden. Stelle die richtigen Artnamen zusammen.

KREUZNATTER, WALDKRÖTE, SUMPFSCHILDSCHLEICHE, BLINDEIDECHSE, RINGELEIDECHSE, SMARAGDOTTER

1. kreuzotter 2. Landkröte 3. Blindschleiche
4. zauneidechse 5. Ringelnatter 6. salamander

## Bewegung und Geschwindigkeit (1)

**1** Um die Geschwindigkeit eines Fahrradfahrers zu ermitteln, benötigen wir zwei Gegenstände. Nenne sie. Schreibe auf, wozu sie gebraucht werden.

______________________________________________

______________________________________________

**2** Wie könntest du feststellen, wer schneller ist: ein Läufer, ein Fahrradfahrer oder ein Mofafahrer? (Sie sollen nicht gleichzeitig starten.)

1. Möglichkeit: ______________________________

______________________________________________

Am schnellsten ist, wer ______________________________

2. Möglichkeit: ______________________________

______________________________________________

**3** Ergänze die folgenden Sätze.

a Je kürzer die Zeit ist, die ein Fahrrad für einen bestimmten Weg braucht, desto ________ ist seine Geschwindigkeit.

b Je länger die Zeit ist, die ein Fahrrad für einen bestimmten Weg braucht, desto ________ ist seine Geschwindigkeit.

c Je kürzer der Weg ist, den ein Fahrrad in einer bestimmten Zeit zurücklegt, desto ________ ist seine Geschwindigkeit.

d Je länger der Weg ist, den ein Fahrrad in einer bestimmten Zeit zurücklegt, desto ________ ist seine Geschwindigkeit.

**4** Ein Radfahrer fährt mit einer Geschwindigkeit von 6 m pro Sekunde (6 m/s).
Was bedeutet das?

In 1 Sekunde legt der Radfahrer ____________ zurück.

In 2 Sekunden legt der Radfahrer ____________ zurück.

In 6 Sekunden legt der Radfahrer ____________ zurück.

In 60 Sekunden (1 Minute) legt der Radfahrer ____________ zurück.

In 60 Minuten (1 Stunde) legt der Radfahrer ____________ zurück.

Der Radfahrer legt also in einer Stunde ____________ km zurück.

Er fährt mit der Geschwindigkeit ____________ Kilometer pro Stunde.

(____________ km/h)

## Bewegung und Geschwindigkeit (2)

**1** Was gibt die Geschwindigkeit an?

______________________________________________

______________________________________________

**2** Diese Aufgaben kannst du mithilfe der Umrechnungstabelle im Buch lösen.

a Wer ist schneller: ein Falke oder ein Auto auf der Landstraße?

Falke: ____________

Auto: ____________

Das Auto ist:

____________

____________

b Wie schnell ist ein Rennpferd in Kilometern pro Stunde?
Rennpferd: 25 $\frac{m}{s}$

Werte aus der Tabelle:

| $\frac{m}{s}$ | $\frac{km}{h}$ |
|---|---|
| $2 \cdot 10 =$ ___ | $2 \cdot 36 =$ ___ |
| $+1 \cdot 5 =$ ___ | $+1 \cdot 18 =$ ___ |

____ $\frac{m}{s}$ = ____ $\frac{km}{h}$

So schnell ist das Rennpferd:

____________

c Wie schnell ist ein Gepard in Kilometern pro Stunde?
Gepard: 34 $\frac{m}{s}$

Werte aus der Tabelle:

| $\frac{m}{s}$ | $\frac{km}{h}$ |
|---|---|
| $3 \cdot 10 =$ ___ | $3 \cdot 36 =$ ___ |
| $+1 \cdot 4 =$ ___ | $+1 \cdot 14{,}4 =$ ___ |

____ $\frac{m}{s}$ = ____ $\frac{km}{h}$

Der Gepard ist also ____ als ein Auto auf der Landstraße.

**3** Man unterscheidet drei Bewegungsarten: geradlinige Bewegung, Kreisbewegung und Schwingung. Ergänze die Tabelle.

| Fachbegriff für die Bewegung | Beispiele |
|---|---|
| | ____________<br>____________ |
| | ____________<br>____________ |
| | ____________<br>____________ |

## Wie sich Landtiere fortbewegen

**1** Hier siehst du die Hinterbeine von Pferd, Löwe und Bär.

a Schreibe in die Kästchen darunter: Sohlengänger, Zehengänger, Zehenspitzengänger.

b Beschrifte das Bein des Pferdes mit: Fußwurzelknochen, Mittelfußknochen, Oberschenkelknochen, Unterschenkelknochen, Zehenknochen.

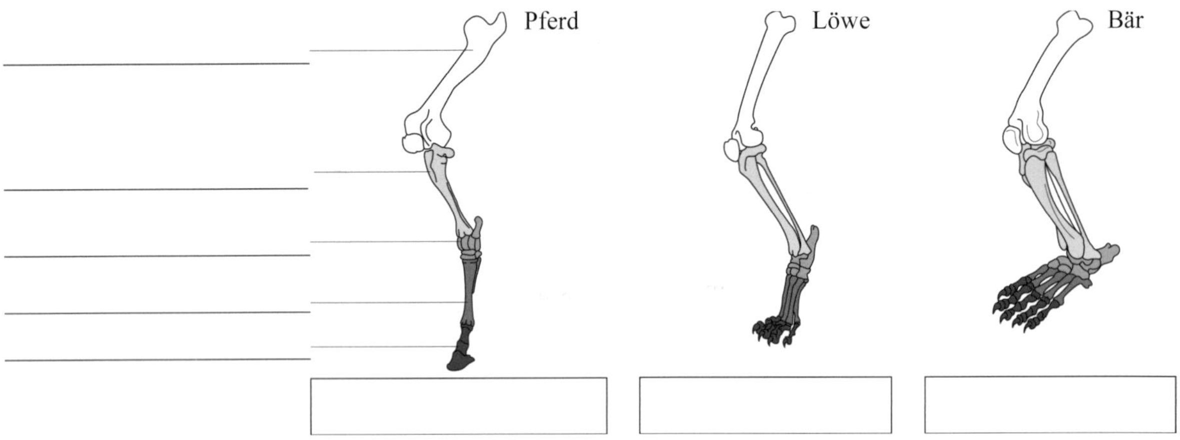


**2** Vergleiche die drei abgebildeten Hinterbeine miteinander.
Welche Gemeinsamkeiten stellst du fest?

**3** Welche Unterschiede kannst du jeweils beim Bau des Unterschenkels und des Fußes erkennen? Trage sie in die Tabelle ein.

| Pferd | Löwe | Bär |
|---|---|---|
| | | |

**4** Warum kann ein Pferd schneller laufen als ein Bär?

## Lebensraum und Fortbewegung

**1** Obwohl die fünf abgebildeten Tierarten ganz unterschiedlich aussehen, sind sie alle Säugetiere. Begründe. Trage die Namen der Tiere in die Abbildung ein.

**2** Die folgenden Abbildungen zeigen die Lebensräume der oben abgebildeten Tiere. Schreibe den Namen des Lebensraums jeweils über das Bild und den Namen des Tiers, das dort lebt, darunter.

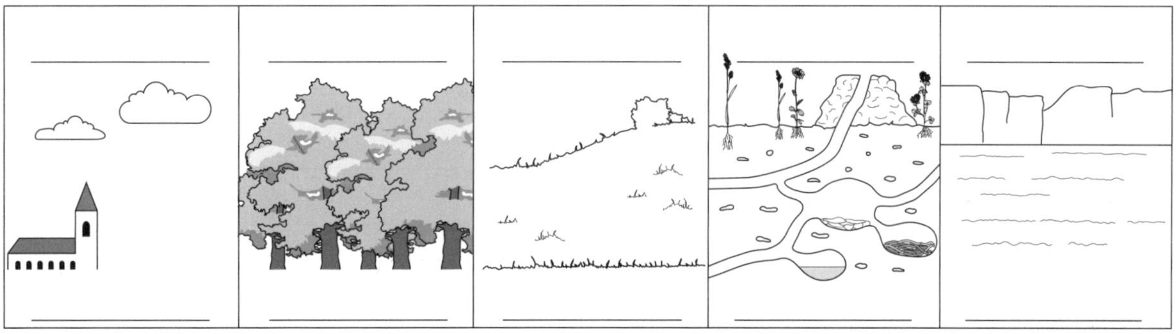

**3** Die abgebildeten Tiere leben in verschiedenen Lebensräumen. Durch ihren Körperbau und ihre Fortbewegungsweise sind sie an ihren Lebensraum angepasst. Fülle die Tabelle aus.

| Tierart | Lebensraum | Anpassungsmerkmale |
|---|---|---|
| | | |
| | | |
| | | |
| | | |
| | | |

## Kriechen und Schlängeln

**1** Die Abbildung zeigt, wie sich die Eidechse fortbewegt.

a Ziehe die gestrichelte Linie farbig nach.

b Beschreibe, wie sich die Eidechse fortbewegt.

______________________________________________

______________________________________________

______________________________________________

c Zwischen der Fortbewegung der Eidechse und der eines Hundes gibt es Unterschiede. Wie stehen z. B. die Beine zum Rumpf?

______________________________________________

______________________________________________

**2** Baue ein Eidechsenmodell, wie es im Lehrbuch auf der Seite 122 abgebildet ist. Bewege dein Modell in typischer Eidechsenmanier vorwärts. Welchen Teil der Wirklichkeit gibt das Modell wieder? Was zeigt das Modell nicht?

______________________________________________

______________________________________________

**3** Schlangen haben keine Beine. Sie „laufen" auf ihren Rippen.

a Beschrifte die Abbildung.

b Beschreibe das Vorwärtskriechen der Schlange.

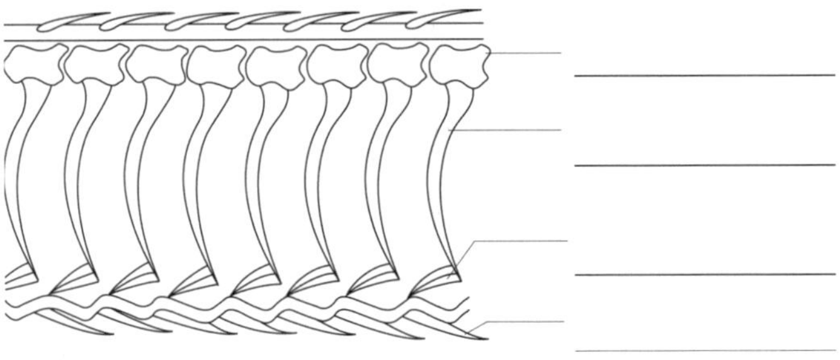

______________________________________________

______________________________________________

______________________________________________

______________________________________________

______________________________________________

## Kraft

**1** Kräfte kann man nicht sehen. Woran kann man sie erkennen? Betrachte dazu auch die Abbildung.

______________________________________________

______________________________________________

______________________________________________

**2** Schätze die Gewichtskräfte der angegebenen Körper. Überprüfe deine Schätzungen anschließend durch Messung mit einem Federkraftmesser.

| Körper | geschätzte Gewichtskraft | gemessene Gewichtskraft |
|---|---|---|
| Federmappe | | |
| gekochtes Ei | | |
| Schokoladentafel | | |
| Lehrbuch | | |

**3** Prüfe, ob in den folgenden Sätzen das Wort „Kraft“ im wissenschaftlichen Sinn gebraucht wird. Kennzeichne die Sätze mit physikalisch richtig (r) oder falsch (f).

a Ein Körper wird von der Erde mit einer größeren Kraft angezogen als vom Mond. ______
b Man kann seine Gewichtskraft mit einer Personenwaage bestimmen. ______
c Eine Kraft ist die Ursache jeder Bewegungsänderung. ______
d Ein Fernfahrer braucht viel Kraft, um auf den langen Strecken nicht einzuschlafen. ______
e Wenn eine Schmiedepresse ein Werkstück verformt, wirkt eine Kraft. ______
f Ein Erwachsener hat wesentlich mehr Kraft als ein Kind. ______
g Durch die Brille verbessert sich die Sehkraft. ______
h Der Schwimmer konnte sich nur mit großer Willenskraft ans Ufer retten. ______

**4** Kräfte können die Bewegung oder die Form eines Körpers verändern. Ordne die folgenden Vorgänge richtig in die Tabelle ein.

| Änderung der Bewegung | Änderung der Form |
|---|---|
| | |
| | |
| | |
| | |
| | |
| | |

a) Anfahren eines Zuges, b) Spannen eines Expanders, c) Tennisspielen, d) Kneten von Teig, e) Bremsen, f) Zurückprallen eines Balles, g) Biegen von Eisen, h) Starten eines Flugzeuges, i) Auffahrunfall

## Magnetkraft

**1** Zeichne einen Stabmagneten. Bezeichne die Pole und kennzeichne mit Kreuzen die Stellen der größten Kraft.

**2** Ordne folgende Stoffe in die Tabelle ein: Kuli aus Plaste, Büroklammer aus Eisen, Radiergummi, Schraube, Gabel, Holzlineal, 1-Cent-Münze, 2-Cent-Münze, 50-Cent-Münze, 1-Euro-Münze, 2-Euro-Münze.

| werden von Magneten angezogen | werden von Magneten nicht angezogen |
|---|---|
| | |
| | |
| | |
| | |
| | |
| | |

**3** Die Abbildungen zeigen das Verhalten zweier Magnete, wenn sie zusammen gebracht werden. Die Pfeile geben die Bewegungsrichtung an.
Ergänze in den Abbildungen die Polbezeichnungen. Beschreibe anschließend das Verhalten der Magnete.

a
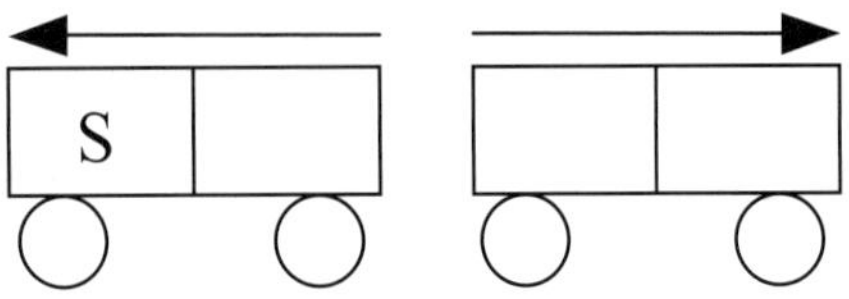


b
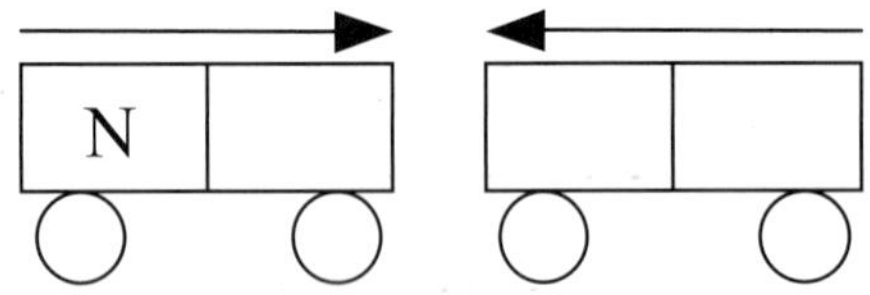


**4a** Erkläre, warum ein Kompass die Nord-Süd-Richtung anzeigt.

b Warum darf das Gehäuse eines Kompasses nicht aus Eisen oder aus Nickel hergestellt werden?

# Vögel sind an das Fliegen angepasst

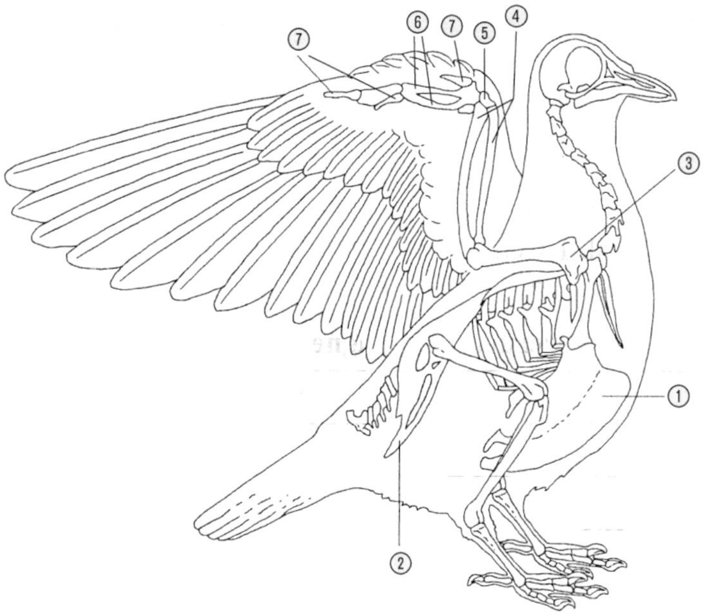


**1** Benenne die Knochen des Vogelskeletts.

1 ____________________

2 ____________________

3 ____________________

4 ____________________

5 ____________________

6 ____________________

7 ____________________

**2** Vergleiche das Vogelskelett mit dem Skelett des Hundes. Male die Teile, die sich stark unterscheiden, in der Abbildung des Vogels aus. Notiere und erkläre die Unterschiede.

____________________

____________________

____________________

____________________

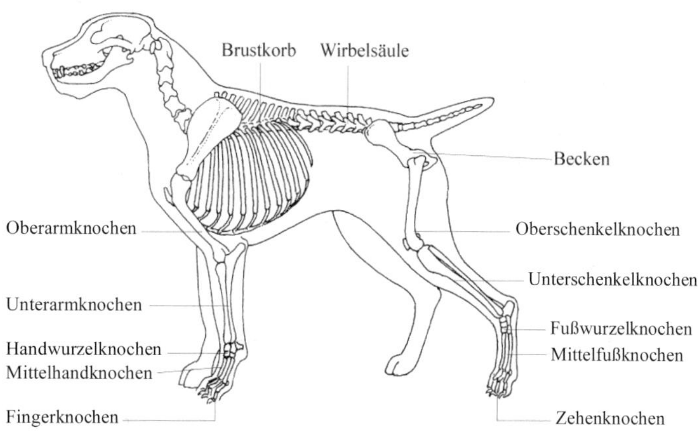


**3** Die beiden Knochen auf der Balkenwaage stammen von einem Säugetier und einem Vogel. Ordne sie zu. Führe nach Möglichkeit die Wägung selbst durch und erkläre das Ergebnis.

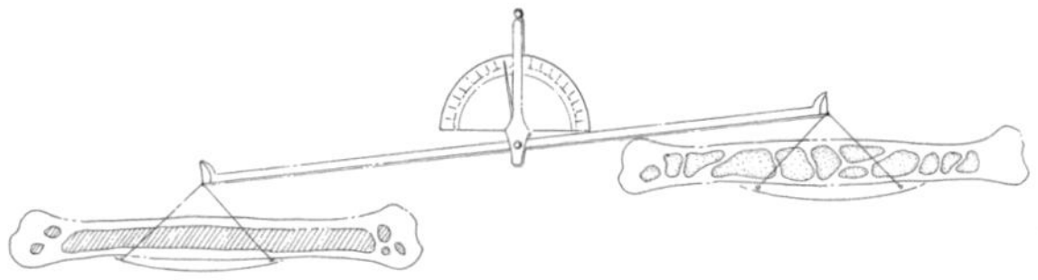

Das ist ein ____________________ Das ist ein ____________________

____________________

____________________

____________________

## Wie Vögel fliegen – Flugformen

**1** Die folgenden Abbildungen zeigen, wie ein Vogel fliegt.
Leider stehen die Bilder nicht in der richtigen Reihenfolge. Sieh sie dir genau an und schreibe die Zahlen 1–9 für die richtige Reihenfolge in die Kästchen. (Die Abbildungen auf den Seiten 134–136 in deinem Lehrbuch helfen dir dabei.) Beginne mit dem rechten Bild in der oberen Reihe.

**2** Die Abbildungen oben zeigen einen Vogel im Ruderflug.
Beschreibe, was beim Abschlag und Aufschlag geschieht.

Beim Abschlag ______________________________

______________________________

Beim Aufschlag ______________________________

______________________________

**3** Es gibt verschiedene Flugformen. Beschreibe Sie kurz.

Ruderflug: ______________________________

Gleitflug: ______________________________

______________________________

Segelflug: ______________________________

______________________________

Rüttelflug: ______________________________

## Auftrieb

**1** Ist ein Körper in der Luft schwerer als im Wasser? Führe dazu einen einfachen Versuch durch und ergänze den Text.

a Die Gewichtskraft eines Steines beträgt ________________.

b Der Stein wird vollständig in ein Gefäß mit Wasser eingetaucht.

Beobachtung:

________________________________________

________________________________________

Die Antwort auf unsere Frage:

________________________________________

________________________________________

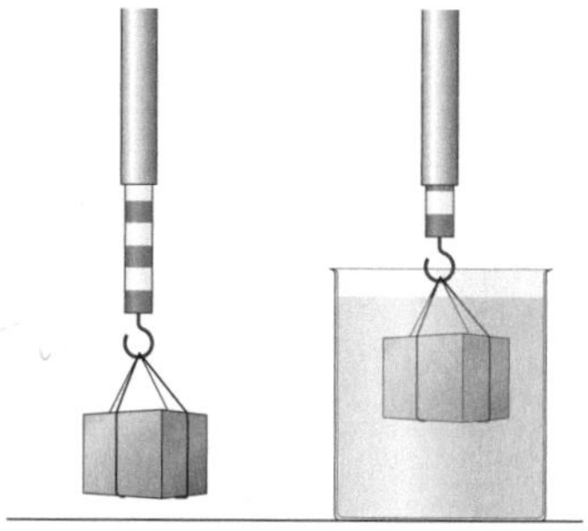

**2** Lege einige Körper ins Wasser und beobachte, ob sie darin untergehen oder schwimmen (Beispiele: Flaschenkorken, Büroklammer, Metallwürfel, Holzstück, Knetkugel). Fülle anschließend die Tabelle aus. Ergänze in der Zeile „Begründung" die Zeichen: < (kleiner als), > (größer als) oder = (gleich).

| | **Der Körper geht im Wasser unter, er sinkt.** | **Der Körper schwimmt im Wasser.** |
|---|---|---|
| Begründung | Gewichtskraft des Körpers ______ Auftriebskraft in Wasser | Gewichtskraft des Körpers ______ Auftriebskraft in Wasser |
| Beispiele | | |
| | | |
| | | |

**3** Ein gekochtes Ei liegt in einem Gefäß mit Wasser. Gib löffelweise Kochsalz dazu und rühre um.

Beobachtung:

________________________________________

________________________________________

________________________________________

Auswertung:

________________________________________

________________________________________

________________________________________

________________________________________

________________________________________

## Äußerer Bau der Fische

**1** Beschrifte die äußeren Teile des Fisches. Füge folgende Begriffe an der richtigen Stelle ein:
Kopf, Schwanzflosse, Rückenflosse, Auge, Bauchflosse, Schwanz, Kiemendeckel, Afterflosse, Brustflosse, Rumpf, Maul, Barteln.

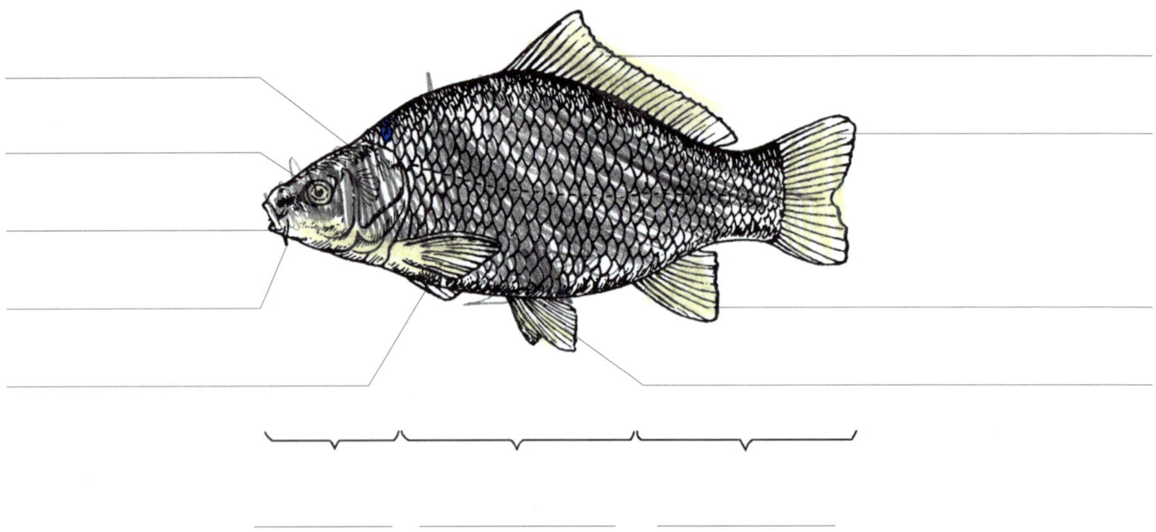

**2** Beschreibe den äußeren Bau des Fisches anhand der Kriterien äußere Körpergliederung mit Anhangsorganen und Körperbedeckung. Ergänze dazu den Lückentext.

Der Körper des Fisches ist in kopf, rumz und ~~Schuppen~~ Schwanz gegliedert.
Am Kopf befinden sich das ~~Auge~~ Maul, die Augen, ein Paar Barteln sowie die kiemendeckl. Am Rumpf sind vorn ein Paar Brustflossen und dahinter ein Paar flossen zu sehen. Auf dem Rücken stabilisiert eine Rückenflosse die Schwimmlage. Am Beginn des Schwanzes erkennt man eine afterflosse. Der Schwanz mit der ____________ dient der Fortbewegung.

Der gesamte Körper des Fisches ist von einer ________ ________ mit ________ bedeckt.

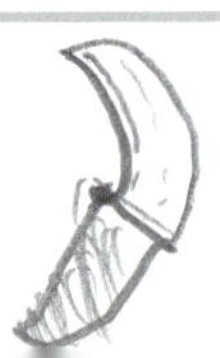

## Fortpflanzung der Wirbeltiere

**1** Trage in der folgenden Tabelle jeweils den Namen der Tierklasse ein und beschreibe in Stichworten deren Fortpflanzung.

| Klasse der Wirbeltiere | | Fortpflanzung |
|---|---|---|
| |  | |
| | 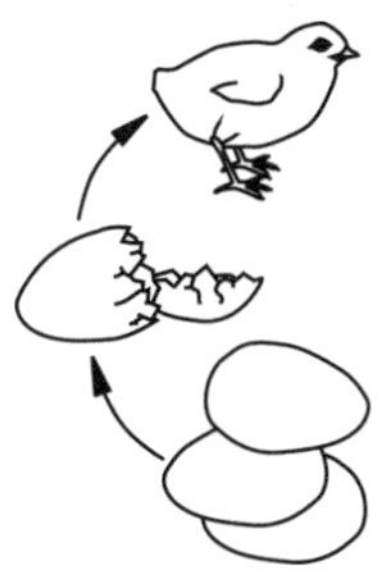 | |
| |  | |
| | 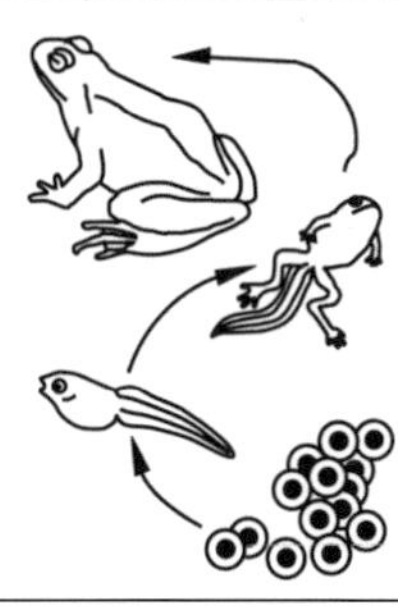 | |
| | 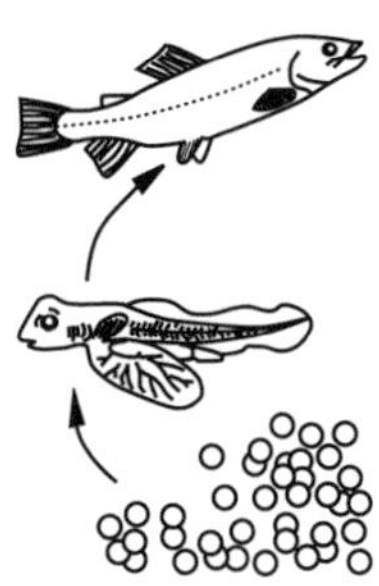 | |

## Fortpflanzung und Entwicklung der Fische

Zebrabärblinge sind anspruchslose Aquarienfische, die ursprünglich aus Bächen und Flüssen Vorderindiens stammen. Die Abbildung zeigt die Fortpflanzung und Entwicklung dieser bis zu 5 cm langen Fische: Das deutlich schlankere Männchen ① gibt die Spermien („Milch") ⑧ ins freie Wasser ab. Das Zebrabärblingsweibchen ⑤ entlässt seine Eier („Rogen") ② ebenfalls ins Wasser. Hier erfolgt auch die Befruchtung der Eier durch die Spermien. Im befruchteten Ei ④ entwickelt sich eine Zebrabärblingslarve ③, die bald im Wasser schwimmen kann. Diese Dottersacklarve ⑦ ernährt sich zuerst von den Nährstoffen, die sich im Dottersack befinden. Der Jungfisch ⑥ besitzt keinen Dottersack mehr, er muss sich selbstständig ernähren.

**1** Suche in der Abbildung die beschriebenen Entwicklungsstadien und trage die Ziffern jeweils in die richtigen Kreise ein.

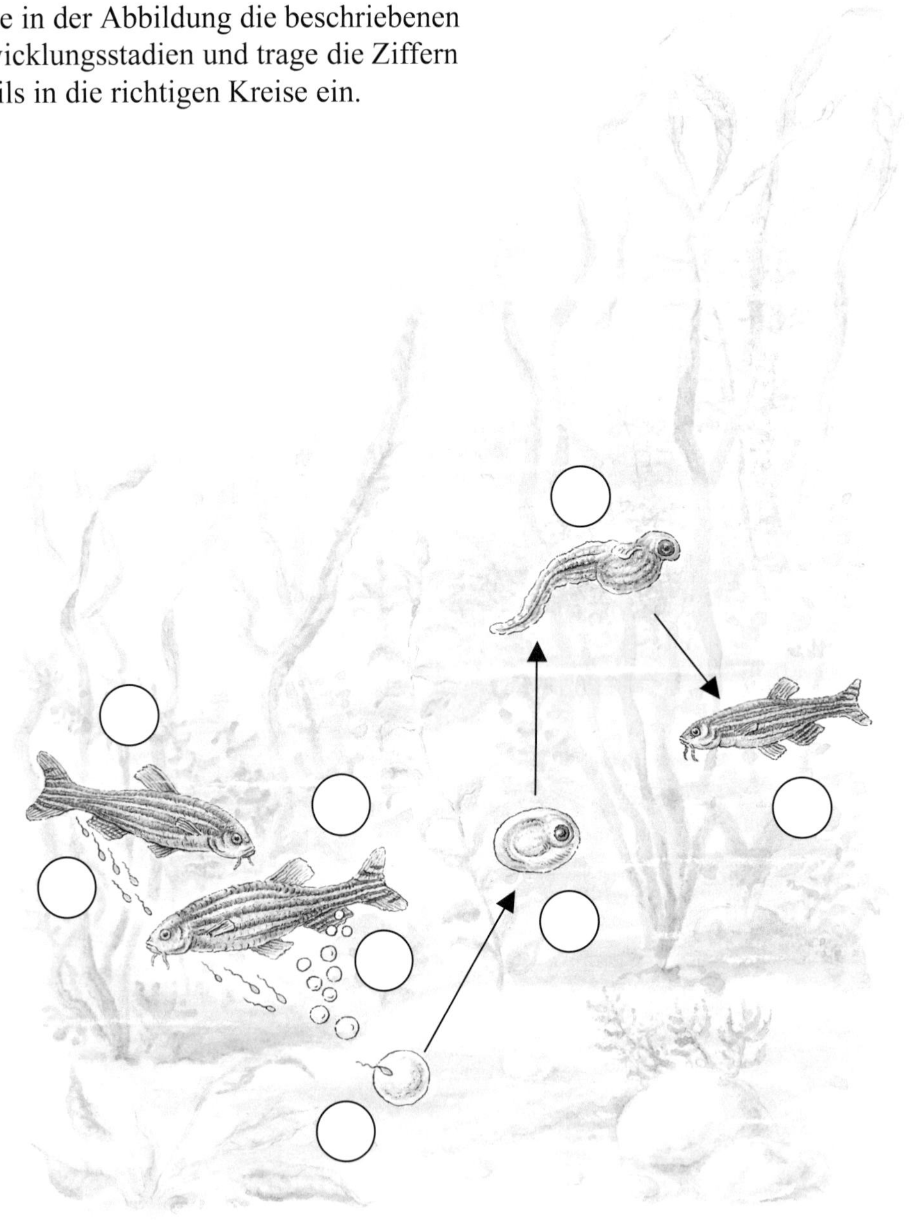

## Fortpflanzung und Entwicklung beim Wasserfrosch

**1** In der Abbildung sind verschiedene Entwicklungsstadien des Wasserfroschs gezeigt. Beschrifte sie in der richtigen Reihenfolge mit den Ziffern 1 bis 8.

**2** Beschreibe den Ablauf der Metamorphose beim Wasserfrosch. Nutze hierfür die Schreiblinien in der rechten Spalte.

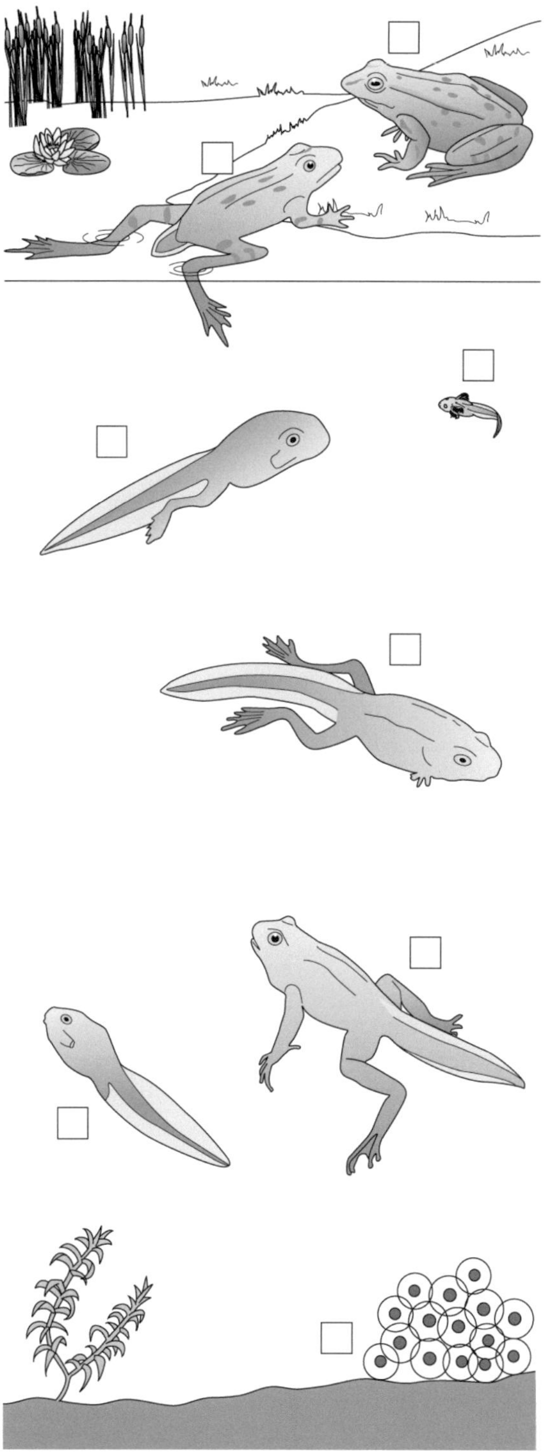

## Fortpflanzung und Entwicklung von Säugetieren

**1** Trage die folgenden Begriffe an passender Stelle in die leeren Kästchen ein: befruchtete Eizelle, Eierstock, Eizelle, Embryo, Hoden, Jungtier, Spermium.

**2** Schreibe die folgenden Begriffe an die passenden Pfeile: Befruchtung, bildet (2 x), Geburt, Paarung, entwickelt sich.

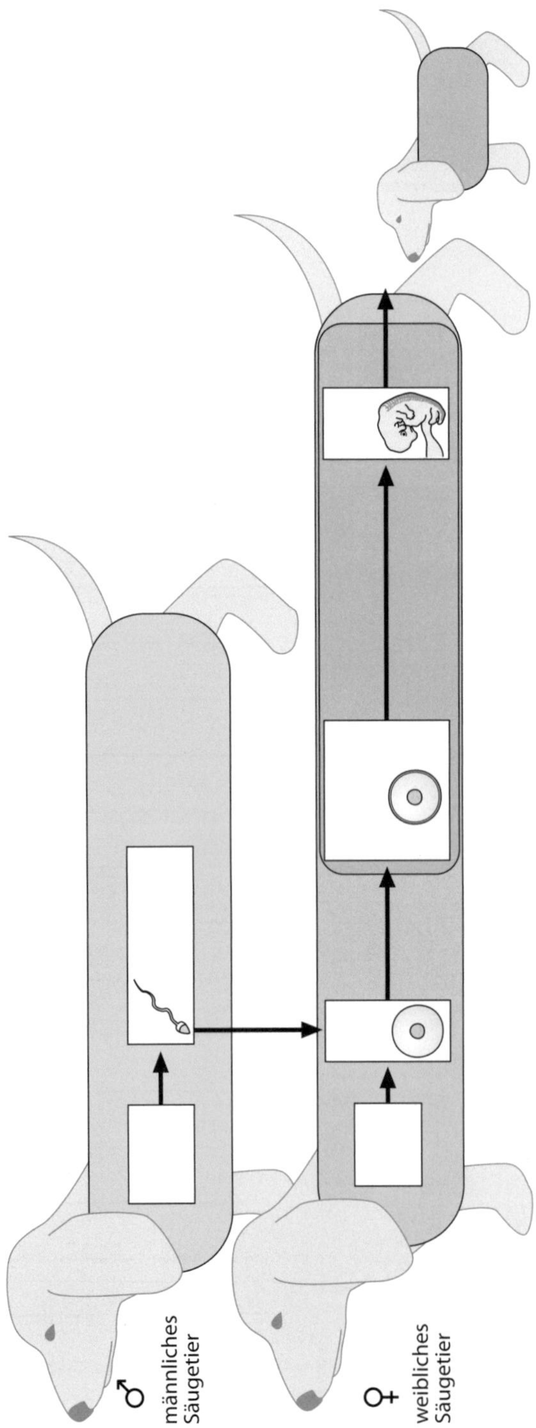

## Ernährung von Wirbeltieren

**1** Informiere dich in Nachschlagewerken über die abgebildeten Vögel. Ergänze die fehlenden Schnabelformen. Was mögen die Vögel wohl fressen? Notiere die jeweilige Nahrung der Vögel.

Kernbeißer

Buchfink

Weißstorch

Buntspecht

Habicht

**2** Auch Säugetiere ernähren sich unterschiedlich.
Ordne den Gebissen die Begriffe „Fleischfressergebiss“, „Pflanzenfressergebiss“, „Allesfressergebiss“ und „Nagetiergebiss“ zu. Male die Schneidezähne rot, die Eckzähne gelb und die Backenzähne blau aus.

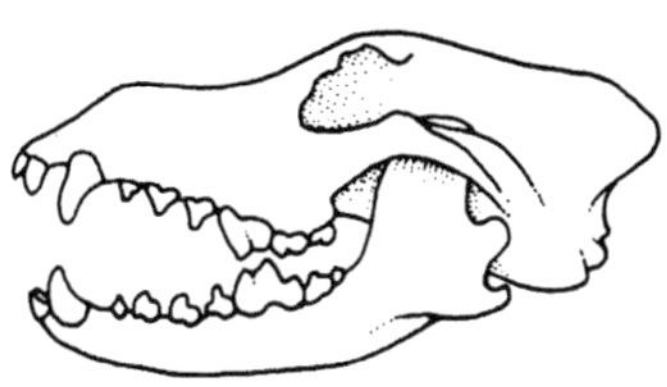

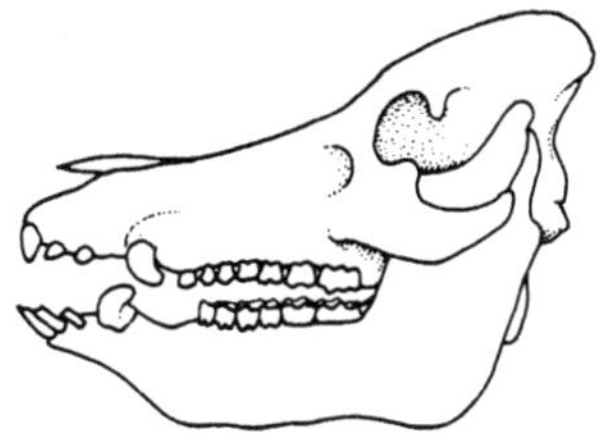

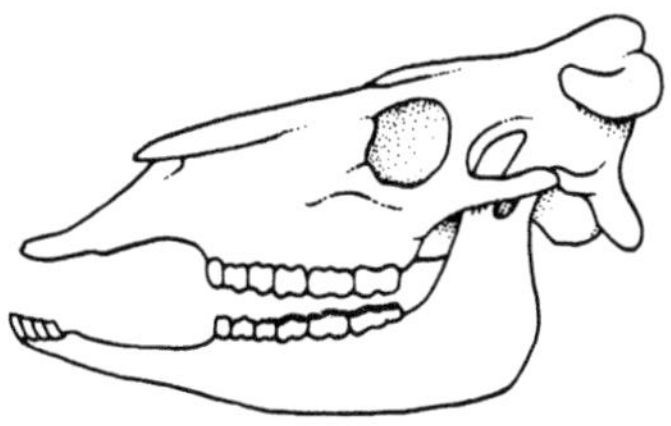

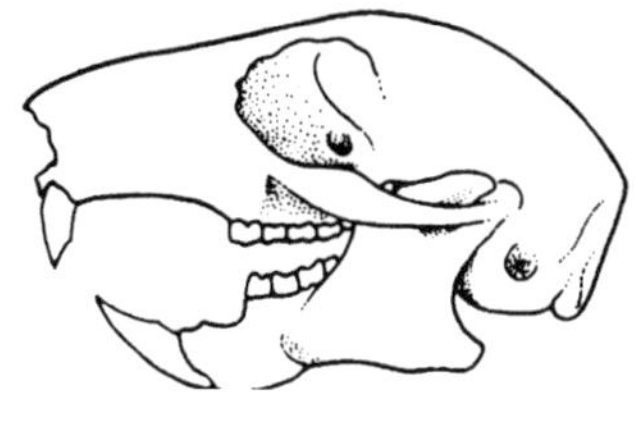

## Atmungsorgane bei Wirbeltieren

**1**a Wie heißen die Atmungsorgane bei Fischen und wo befinden sie sich?

______________________________________________

b Zeichne mit einem Farbstift den Wasserstrom ein und erkläre mithilfe der Abbildung die Atembewegung bei Fischen.

______________________________________________

______________________________________________

______________________________________________

**2**a Welche Funktion hat eine Lunge?

______________________________________________

______________________________________________

b Vergleiche die abgebildeten Lungen. Achte dabei besonders auf die Größe der inneren Oberfläche für den Gasaustausch.

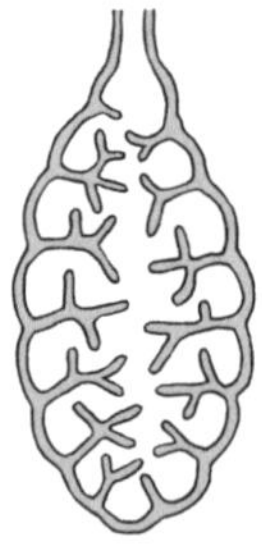

Lunge eines Frosches: ______________________________

______________________________________________

______________________________________________

______________________________________________

______________________________________________

______________________________________________

______________________________________________

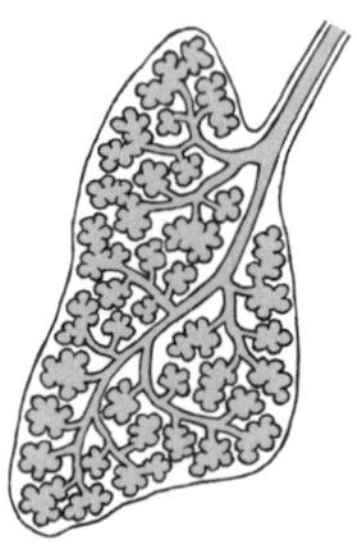

Lunge einer Feldmaus: ______________________________

______________________________________________

______________________________________________

______________________________________________

______________________________________________

______________________________________________

______________________________________________

## Energiebereitstellung aus der Nahrung – Zellatmung

Du weißt: Energiereicher Zucker kann von Lebewesen mithilfe von Sauerstoff in energiearmes Kohlenstoffdioxid und energiearmes Wasser umgewandelt werden.
Die dabei frei werdende Energie wird für alle Lebensprozesse benötigt. Diesen Vorgang der Energiebereitstellung bezeichnet man als Zellatmung.
In der Abbildung ist der Vorgang der Zellatmung modellhaft mit Bausteinen dargestellt. Ein Zuckerteilchen besteht aus Teilchen dreier verschiedener Stoffe. Jede Farbe symbolisiert dabei einen anderen Stoff. Auch Sauerstoff, Wasser und Kohlenstoffdioxid bestehen aus einem oder mehreren dieser Stoffe.

**1** Baue 1 Zuckerteilchen und 6 Sauerstoffteilchen entsprechend der Abbildung. Finde durch Umbauen der Spielsteine heraus, wie viele Kohlenstoffdioxidteilchen und Wasserteilchen entstehen, wenn 1 Zuckerteilchen und 6 Sauerstoffteilchen umgewandelt werden. Trage deine Ergebnisse in die freien Kästchen ein.

| Zuckerteilchen + | Sauerstoffteilchen ⟶ | Kohlenstoffdioxidteilchen + | Wasserteilchen |
|---|---|---|---|
| 1 | 6 | | |

**2** Nenne Lebensprozesse, für die Energie benötigt wird.

______________________________________________

______________________________________________

**3** Zähle Nahrungsmittel auf, die viel Zucker enthalten.

______________________________________________

______________________________________________

**4** Nenne die Energieform, die im Zucker steckt.

______________________________________________

______________________________________________

## Wir vergleichen Wirbeltiere (1)

**1** Notiere die Namen der einzelnen Wirbeltierklassen. Vergleiche jeweils Körperbedeckung und Atmungsorgane.

| Skelett | Körperbedeckung | Atmungsorgane |
|---|---|---|
| 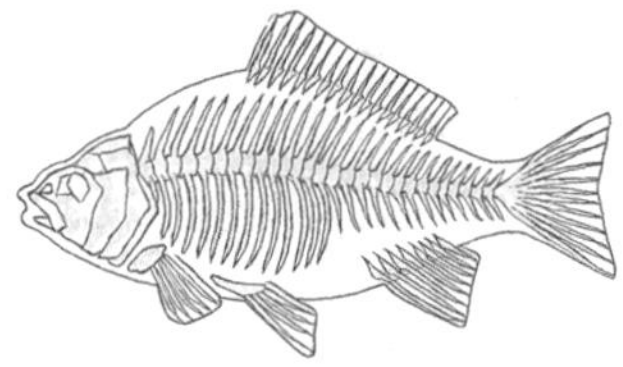<br>Klasse: ______________ | 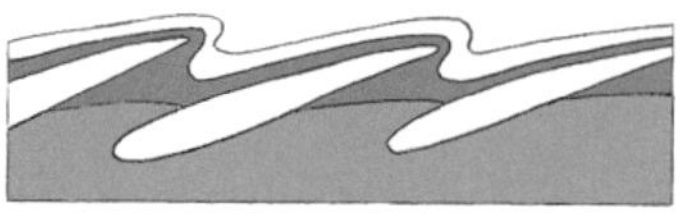<br>______________<br>______________ | 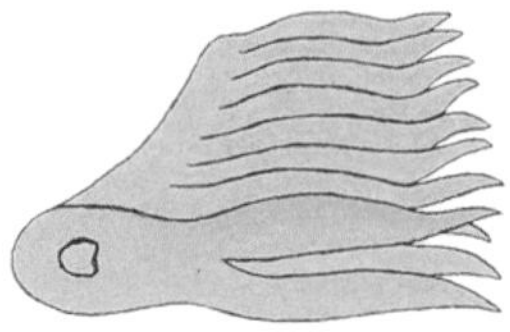<br>______________<br>______________ |
| 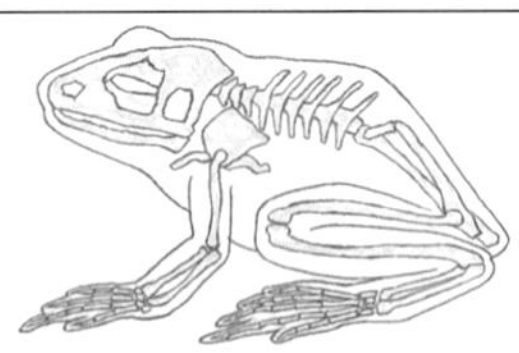<br>Klasse: ______________ | 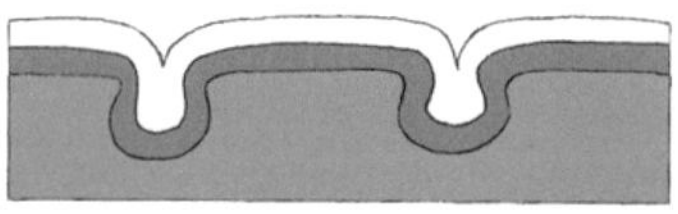<br>______________<br>______________ | 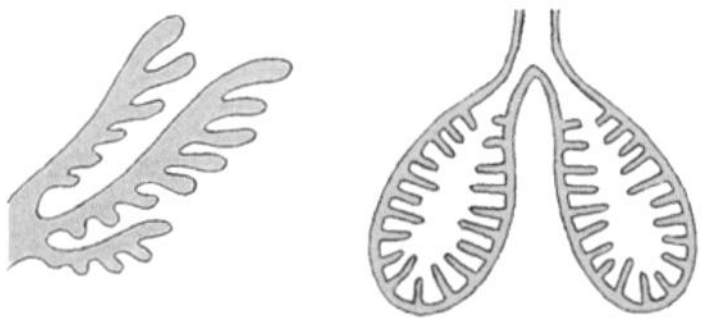<br>______________<br>______________ |
| 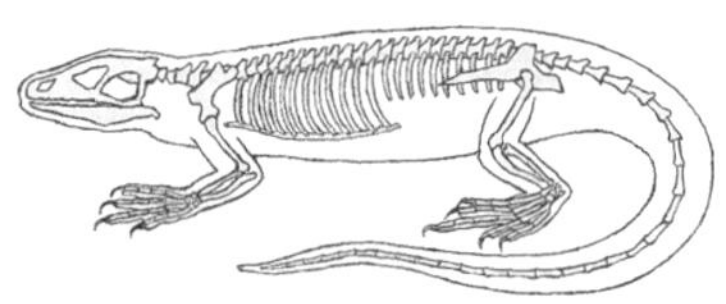<br>Klasse: ______________ | 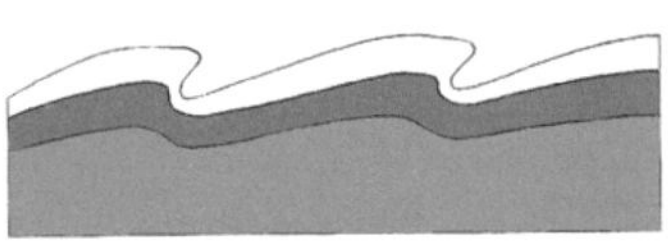<br>______________<br>______________ | 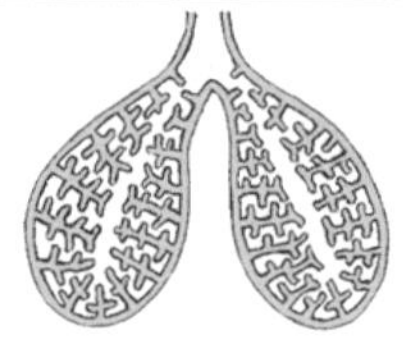<br>______________<br>______________ |
| <br>Klasse: ______________ | 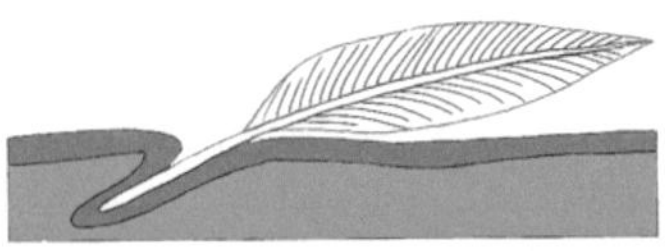<br>______________<br>______________ | 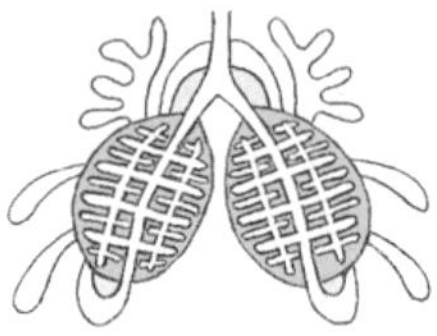<br>______________<br>______________ |
| 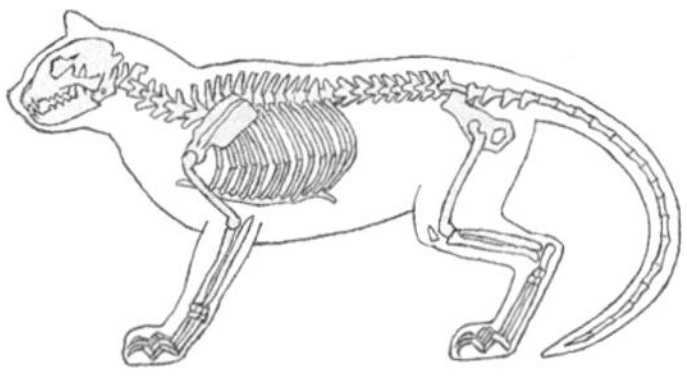<br>Klasse: ______________ | 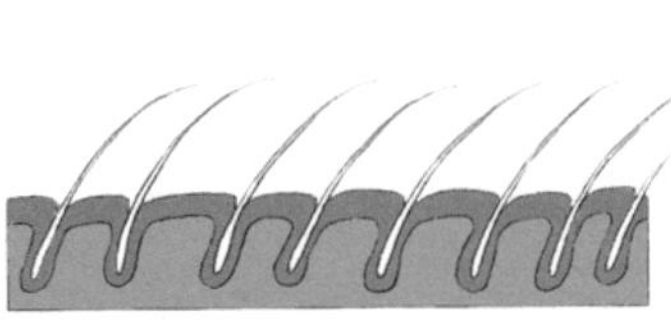<br>______________<br>______________ | 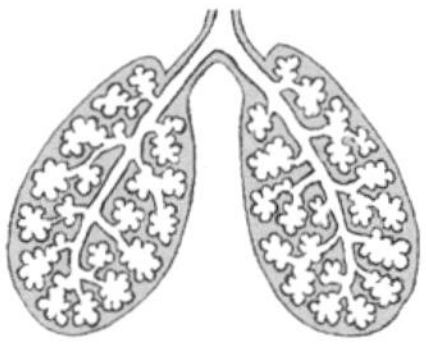<br>______________<br>______________ |

# Wir vergleichen Wirbeltiere (2)

**1** Alle Arten aus dem Stamm der Wirbeltiere haben ein gemeinsames Kennzeichen. Nenne es.

**2** Hier geht es um die Kennzeichen der einzelnen Wirbeltierklassen. Fülle die Tabelle aus.

| Wirbeltierklasse / Kennzeichen | Säugetiere | Vögel | Kriechtiere (Reptilien) | Lurche (Amphibien) | Fische |
|---|---|---|---|---|---|
| Lebensraum | | | | | |
| Fortbewegung | | | | | |
| Gliedmaßen | | | | | |
| Körpertemperatur | | | | | |
| Beispiele (Arten) | | | | | |

## Tiere ordnen

1

2

3

4

5

6

7

8

Die verschiedenen Lebewesen lassen sich nach verschiedenen Kriterien ordnen.

**1** Nenne die Namen der abgebildeten Tiere.

1 ______________________ 5 ______________________

2 ______________________ 6 ______________________

3 ______________________ 7 ______________________

4 ______________________ 8 ______________________

**2** Ordne die Tiere nach Heim-, Nutz- und Wildtieren.

Heimtiere: ______________________

Nutztiere: ______________________

Wildtiere: ______________________

**3** Tiere können sich von pflanzlicher Nahrung, tierischer Nahrung oder von beidem ernähren. Ordne die Tiere entsprechend.

pflanzliche Nahrung: ______________________

tierische Nahrung: ______________________

pflanzliche und tierische Nahrung: ______________________

**4** Im Tierreich unterscheidet man zwei große Gruppen: wirbellose Tiere und Wirbeltiere. Ordne die Tiere diesen beiden Gruppen zu.

wirbellose Tiere: ______________________

Wirbeltiere: ______________________

______________________